经典科学系列

可怕的科学
HORRIBLE SCIENCE

化学也疯狂
CHEMICAL CHAOS

[英] 尼克·阿诺德／原著　　[英] 托尼·德·索雷斯／绘　　木沐／译

U0257111

北京出版集团

北京少年儿童出版社

著作权合同登记号

图字:01-2009-4328

Text copyright © Nick Arnold

Illustrations copyright © Tony De Saulles

Cover illustration © Tony De Saulles，2008

Cover illustration reproduced by permission of Scholastic Ltd.

©2010 中文版专有权属北京出版集团，未经书面许可，不得翻印或以任何形式和方法使用本书中的任何内容或图片。

图书在版编目（CIP）数据

化学也疯狂 /（英）阿诺德（Arnold，N.）原著；（英）索雷斯（Saulles，Tony. D.）绘；木沐译 . —2 版 . —北京：北京少年儿童出版社，2010.1（2024.10 重印）

（可怕的科学·经典科学系列）

ISBN 978-7-5301-2363-8

Ⅰ.①化… Ⅱ.①阿… ②索… ③木… Ⅲ.①化学—少年读物 Ⅳ.①O6-49

中国版本图书馆 CIP 数据核字（2009）第 183428 号

可怕的科学·经典科学系列

化学也疯狂

HUAXUE YE FENGKUANG

［英］尼克·阿诺德 原著

［英］托尼·德·索雷斯 绘

木 沐 译

*

北 京 出 版 集 团 出版
北 京 少 年 儿 童 出 版 社

（北京北三环中路6号）

邮政编码:100120

网 址：www . bph . com . cn

北 京 少 年 儿 童 出 版 社 发 行

新 华 书 店 经 销

三河市天润建兴印务有限公司印刷

*

787 毫米×1092 毫米 16 开本 10 印张 50 千字

2010 年 1 月第 2 版 2024 年 10 月第 71 次印刷

ISBN 978－7－5301－2363－8/N・151

定价：25.00 元

如有印装质量问题，由本社负责调换

质量监督电话：010－58572171

目 录

你听说过化学吗

如果用一个字来表示化学，那就是：啊！在所有的科学门类中，与化学元素和试管打交道的化学真是：啊！没错，用"啊"来表示它最恰当不过了！因为化学是这套书中最恐怖的一部分。

它为什么会这么吓人呢？如果你发现科学是令人迷茫的，那么化学就和烂泥巴一样混账，它会让你的大脑一片混沌。

对于初学者来说，化学中有些令人头痛的专有名词，像聚甲基丙烯酸甲酯，你虽然不认识它，可事实上，在你的衣服里可能就有这种材料。

这些又长又臭的词主要源于希腊语或拉丁文。除了古罗马人，我

们谁见了它们都很头痛。当化学家用那些术语交谈时，化学就会变得乱七八糟，一塌糊涂。

我用日常的口语"翻译"一下这些科学术语：

▶ "H_2O没有达到100℃"意思是说水还没开；

▶ "我要一些$C_{12}H_{22}O_{11}$"意思是说请给我一些糖；

▶ "乳酸不好闻"中的乳酸即酸奶，意思是牛奶变质了。

不过化学家的大脑大概也清醒不到哪儿去，要不他们怎么会去研究浸过水的玉米片呢？（据化学家称，含奶量超过18%的玉米片过于腻了，没法用于研究。）

很有意思吧！本书要讲的就是这些东西。它们不是你在学校里学过的那些，而是你真的想去发现，真的很有意思、很精彩的东西。比如说：肮脏的绿色泡沫、变了质的甚至有时有毒的饮料、试管、难闻的气味、爆炸、奇怪的发明等。

　　这本《化学也疯狂》就是为了帮你克服在学习化学过程中的迷茫，之后你就可以在上化学课的时候甩掉你的"迷茫"，清醒而快乐地做你自己的化学实验。

稀奇古怪的化学家

　　化学家是非常古怪的。他们的化学知识总是令人头疼，他们的化学实验也总是让人感到乱糟糟的。最早的化学家被称为炼丹师，他们不仅看上去邋邋遢遢，而且也稀奇古怪。

　　想象在一堂特别枯燥的化学课上，你非常非常地想睡觉。接下来你好像进了一间神秘的屋子，看见一个老头在读一本书，他的四周摆满了奇形怪状的烧瓶、油腻的抹布、翻旧了的书本——落满了灰尘也充满了秘密。灰暗的角落里是一排一排装着神奇药液的瓶子，地板上还有几堆老鼠吃剩下的东西。那个老头傻乎乎地对着自己笑，然后用又尖又脆的声音大声朗读着文章。

水蠊的眼睛啊，蝙蝠的翅膀，足球靴啊，猫的身高！

　　头昏脑涨了吧？别担心，这不是你的化学老师！你只是看到了500年前的化学家。500年以前，化学家可不叫化学家，而被称为炼丹师。

读者请留意：

亲爱的读者，这本书所讲的"Chemist"（注：在英语中这个词还有"药剂师"的意思）并不是在药店里工作的药剂师，而是研究化学的科学家。

骇人的炼丹师

炼丹术起源于罗马时期的埃及和古代的中国。围绕着"物体是如何形成的"这一问题，炼丹术成为一种包含了化学知识、魔术和哲学的混合体。更实际地说，炼丹师们企图发现把廉价的金属转化为黄金的方法。下面是他们非同寻常的秘方之一。

炼金秘方

1. 拿一些由铝、钾、硫黄和氧气所构成的混合矿石。

2. 加适量煤粉、黄铁矿和几勺水银。

3. 搅拌均匀。

4. 拌入50克桂皮和半打鸡蛋黄，继续搅拌直到液体发黏。

5. 加入适量新鲜的马粪，继续搅拌。

6. 最后，加入一些在火山中找到的氨水和氯。

7. 在火炉中加热6个小时，如果幸运的话，你会得到黄金。

读者请留意：

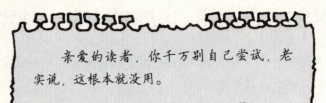

亲爱的读者，你千万别自己尝试，老实说，这根本就没用。

　　尽管有一些人做得比这还疯狂，但炼丹术只时兴了一段时间。那时候，连皇帝也醉心于炼丹术。据悉，英国国王查理二世就是被炼丹所用的水银毒死的。他的科学家朋友牛顿也曾使用这种东西做实验，并为它痴迷，达两年之久。

到目前为止，我们的水银实验还没有成功！

你这个笨蛋！

我想没有！

你肯定不知道！

　　最著名的炼丹师之一是阿拉伯作家基伯，这个老基伯有很多想法，但他是一个蹩脚的作家。事实上，他那些有关实验的书创造了一个词："垃圾"。很遗憾，基伯并不是最后一个生产"垃圾"的科学家。

　　下面是另一个炼丹师的骗术，你千万别学呀！

保温

　　把马粪涂在盛着液体的壶上，马粪里的化学物质引起化学反应产生热量，可以保温。这听起来好像是有点儿道理，但如果你用热水瓶保温，你的茶会少一些臭味的。

卢瑟福——发财了吗？

尽管经历了那么多失败，但还是有很多炼丹师在坚持着。他们相信有一种"哲人石"，能把石头变成黄金。但没人知道"哲人石"长什么样，哪儿能找得到。不过炼丹师们都相信，只要找到"哲人石"，就能长生不老。当然，没有人能发现真正的答案，直到最近……

1911年，新泽西人阿尔尼斯特·卢瑟福（1871—1937）发现了把一般金属变为黄金的方法。这需要懂得金属的原子——构成所有物质的最小单位——这个概念。要造出黄金，你必须得让高能量的射线撞击原子，改变原子结构，才能把金属变成黄金。

但对炼丹师来说，卢瑟福还有很多坏消息：

1. 原子太小了，不容易被射线打中。

2. 最容易变成黄金的金属是铂（白金），但铂比黄金贵得多。

我想知道你能不能把黄金变回白金？

3. 因此，如果你想要黄金，最便宜的方法是到珠宝店去买吧！

过去的化学家

到1700年，科学家们渐渐地开始重视化学，不仅仅是为了炼丹，还有别的原因。而且他们称自己为化学家，而不是炼金术士。

但很多人仍然认为化学是一个怪怪的东西。科学家杰斯特·凡·李比格（1803—1873）小时候因为不做作业而被学校开除时，他的老师问他以后想做什么，杰斯特说，他想当一个化学家。

整个学校的人都对此大笑不止。没有人认为化学是一门学问，而且还可以研究。

有一个人对上面这种观念的改变起了很大的作用，他就是安东尼·拉瓦锡（1743—1794）。有些人甚至称他为"现代化学之父"。但在1789年，大革命横扫法兰西，拉瓦锡发现自己处于一个兵荒马乱的环境中。

是人民的敌人吗？

那是一段非常时期，但没人敢说"害怕"，每个人都有可能被捕。在革命广场，每天都有一群老太太，一边晒着太阳打着毛衣，一边等着看绞刑。

上帝宽恕我！

为什么他们总是说"谢谢你"？

"递给我那些文件，"执行官对他的新下属说，"对，就是那些和拉瓦锡有关的。"

这个年轻人慌忙到桌子上去找。因为浪费执行官的时间是很不明智的，执行官安东尼·法奎尔·廷维尔是一个急性子。

"感谢上帝！"执行官说，并快速地翻了翻那些文件，"啊哈，安东尼·拉瓦锡——税收员……"

"他还是一个伟大的科学家……"新下属斗胆插了一句。

"谁敢这么说？"执行官咆哮道。

这个新下属吓得把羽毛笔和纸都掉地上了，"我是说……我不是那个意思！"他结结巴巴地说，"我是说拉瓦锡是一个大叛国贼！噢，我真蠢！"

"好了，我们看看文件上是怎么写的。"执行官开始用他吓唬囚犯时惯用的腔调朗读文件。

"安东尼·拉瓦锡，生于1743年，由他的姑妈、父亲和祖母抚养成人。噢，他在学校里很用功，只用了一年学习自然和数学，居然用了两年多的时间只学一门哲学。呸！在10岁时发表第一篇科学论文——这个小骗子！后来发现了石膏里有水并发现矿泉水里有微量盐分，非常有用——我不那么认为。哈！"

"我，我知道，"新下属在下面细声地说，"那个拉瓦锡是一个叛国贼，但，但他确实发现了水里含有氢和氧，他在空气中找到了多种气体，而且证明了我们都不能破坏化学元素，只有改变它们的环境才能……"

"住嘴！你这个蠢货！"执行官一巴掌打过去，"你是不是觉得我需要上化学课？哈——这段有意思……1768年，拉瓦锡公民成了一名税收员，他的一个朋友说：'这回他请我们吃的饭应该会高档些了吧？'所有的税收员都是人民的敌人，多亏了这场革命，终于把他们关进大牢了。"

执行官阴险地笑了笑："我倒想看看他们这群无头尸怎么享用美餐！"他用手指在自己的喉咙上就势划了一下，发出一声惨叫。

"对不起，长官，我又收到了一些文件！"新下属惊慌地溜进屋里。他刚刚碰见一个穿绿色大衣的小瘦子，这个人除了头发抹得油亮外，穿得并不光鲜，看起来绝不像是法国最有权力的人，可惜偏偏他就是。

"罗伯斯庇尔公民，"执行官奉承地笑着，"见到您非常荣幸，这些文件需要您签一下字。"

"又是人民的敌人？"罗伯斯庇尔询问道，他不请自坐看起文件，"拉瓦锡，哦，我记起来了，刚开始的时候他是支持革命的。好像是他创建了公制称量单位，在革命以前曾为法国的军火工厂出过大力，杀了他会是一大损失。"

执行官皱了皱眉，他不知道罗伯斯庇尔是不是在考察他的忠心，便小心地回答说："但我们的革命英雄马里特公民在报纸中指责他是一个叛国贼。"

"是的，我知道，"罗伯斯庇尔说，"但马里特是一个失败的科学家，拉瓦锡曾嘲笑过他，所以他一直怀恨在心。"

"那么，您的意思是先放过拉瓦锡？"

罗伯斯庇尔冷冷地笑了笑，向窗外望去，他手中的笔似乎有千斤重、万斤沉。

安东尼·拉瓦锡的审判是在1794年5月8日进行的。这个科学家在经过6个月的牢房生活后，看起来又苍白又虚弱。他曾多次请求让他完成一个重要的化学实验。罗伯斯庇尔会饶恕他吗？你认为宣判结果会怎么样呢？

1. 有罪。法官说："共和国不需要科学家。"当天下午拉瓦锡的头就落地了。

2. 无罪。法官说："共和国应该珍惜一个伟大科学家的生命。"

3. 有罪。法官说："但我们会给你一个月完成你的实验。"

答案

1. 拉瓦锡的一个朋友说："砍掉他的头只是一眨眼的事，但再过几百年也不一定会长出像这样的头脑了。"两个月后，罗伯斯庇尔失去了他的领袖地位，被处死了。执行官廷维尔在第二年也被处死了，而拉瓦锡的成就却永远留了下来。

形形色色的现代化学家

现在，世界上有成千上万个化学家。仅在美国就有14万名化学家在企图发现新的化学元素！有些在寻找低密度金属或新型塑料，有些在寻找新的食品原料或药品，下面是他们工作的情形。

化学实验室

乍一看，这些瓶瓶罐罐有些好笑，但它们的用处都很大。

试管： 盛放化学物质用来加热的器具。（用试管夹，你的手就不会被烫着了）

温度计

冰激凌

有意思的化学反应

科学家的手

试管

温度计： 用来测化学物质的温度。

烈性液体 烈性液体 烈性液体 烈性液体（妈妈的茶）

烧杯： 用来盛放液体——这要比你妈妈的瓷器好使。

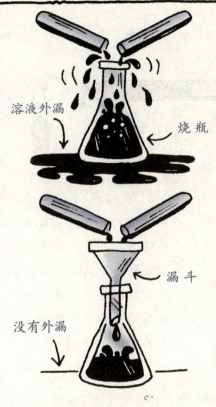

溶液外漏

烧瓶

烧瓶：用来混合化学品的容器。它们一般是圆锥体的，看起来和圆锥差不多，底部是宽宽的。

没有外漏

漏斗

漏斗：用来把液体物质转移到其他容器里而不会漏到外面。

过滤纸

折叠处

装在漏斗里

过滤纸：一种能把固体化学品和液体分开的纸。溶液通过过滤纸后，固体就留在了纸的上面，就和我们过滤咖啡差不多。

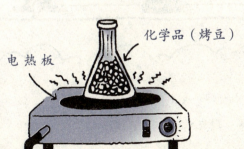

化学品（烤豆）

电热板

电热板：有点像煤气灶，也是加热饭菜的理想用品。

13

滴管：用来转移和滴加小滴化学品的容器。

小滴

挤压这里，可以控制滴数

下面还有一些更复杂的仪器……

气相色谱仪：在这台神秘的机器里面放着一些化学品，这些化学品可以吸附和分离气体里的化学物质，这样你就能知道好闻的气味和臭味是哪些化学物质形成的了。

分光镜：可以让你了解化学品在特定光照下的颜色和加热时产生的颜色。

你肯定不知道！

　　现在，机器人在实验室里代替人做一些很枯燥的工作，比如测试样品。不过很遗憾，到目前为止，还没有可以做家庭作业的机器人。

你敢……亲自去发现一种新的秘密物质吗?

如果你认为做一个化学家很有意思的话，现在有一个机会，你可以自己做一个好笑而且简单的实验。

你需要准备：

▶ 2茶匙滑石粉

▶ 1杯盐

▶ 2杯精面粉

▶ 2杯水

▶ 2茶匙食用油

你需要做：

1. 把面粉和盐在一个大盆里搅拌好。

2. 加水调匀。

3. 加入滑石粉和食用油调匀。

4. 让一个大人帮你用小火加热，一直搅拌到混合物变稠，放在那儿待凉。和其他发明家一样，你需要为你的新发明找到用处。这取决于你自己，下面的东西只是作为参考而已。

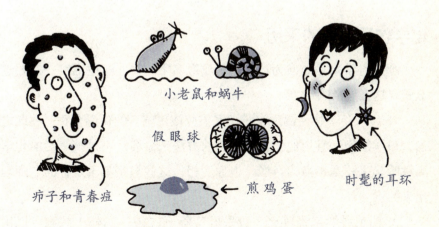

小老鼠和蜗牛

假眼球

煎鸡蛋

疖子和青春痘

时髦的耳环

最后，你需要发动你的想象力为你的新东西起一个名。需要建议吗?

好奇怪的表达方式

当化学家们想出聚偏二氯乙烯这个名字时，就是为了好玩吗？你认为这个名字是什么意思？

答案

就是我们用的透明胶。

化学物质名称的来历

那么科学家是如何为这些新物质取名字的呢？这些名字一定要这么长、这么复杂吗？

1. 1787年，拉瓦锡建议科学家们应该用统一的化学名称，在此之前，科学家们一直用他们自己独特的方法来命名。不过统一后的化学名称听起来还是相当的奇怪，但你要相信这些名字都不是你的老师编出来的。

2. 瑞士科学家雅可比·贝采里乌斯（1779—1848）想到可以用字母来代表每一个化学原子。就这样，氢变成了"H"，氧变成了

"O"——这方法挺简单，对吧？

3. 这个聪明的瑞士人的第二个好主意，是用数字来表示每个化学物质中原子的数量。H_2就表示有2个氢原子——妙极了，是吧？

4. 2个或2个以上的原子结合在一起时，我们称之为分子。$2H_2$就是2个由2个氢原子组成的分子，而H_2O是一个由2个氢原子和1个氧原子所组成的分子。

5. 实际上H_2O就是我们最熟悉的水的化学表达式。

任何人都可以成为一个化学家。事实上，你大概只是没意识到你已成为了一个化学家。这听起来好像不可能——想想吧，你每天都在用化学品做饭、洗脸、洗衣服……是不是很吃惊？

混乱的厨房化学

烹饪原料怎么可能是化学物质呢？事实上，没有化学品，根本就不可能做饭。从校园营养餐里那些乱七八糟的东西，到把你爸爸的布丁粘到盘子里所进行的剧烈反应，这都是烹饪中的化学。

烹饪化学原料档案

名称：食物化学成分

基本特征：你的大部分食物主要是由一种叫碳的化学原子所构成的大分子形成的。其他化学物质是为了增加味道或营养才加进去的。

可怕的事实：在19世纪，一些古怪的东西被加到食物里，来进一步改善口味。比方说，磨碎的骨头粉和面粉混在一起，樱桃茎放到樱桃酱里，以证明这是真的樱桃酱。

我真希望你没告诉我这些。

厨房化学实验室

尽管听起来有些荒唐，但你的厨房确实有点像化学实验室。

你厨房里的一些用具和科学家用的工具一样稀奇古怪，一样神秘。

高压锅

高压锅可以让水比平常的沸点高，所以里面的东西熟的也更快。它和科学仪器中用来杀菌用的高压消毒锅几乎是一样的。

热水瓶

这个东西可以让你在冬天喝到热汤、夏天喝到冷饮，是个方便的容器。但热水瓶最开始是由一个化学家发明的。1892年，詹姆斯·德瓦发明了双层容器为他的化学物质隔热。

炉具

简单地说，这是一种机器，它通过加热食物中的化学物质，以使其产生我们称之为烹饪的化学反应。

下面一些有关食品的信息可以令你在午休闲谈中给人留下深刻印象。（如果你能做出来效果会更好）

什么这么香，妈妈？

6种混合食物的真相

1. 你吃辣椒时会产生那种火辣辣的感觉，是因为有种叫辣椒素的东西在作怪。据专家讲，减缓辣感的最好的办法是吃一大块冰激凌。好痛苦的感觉啊！

汗水 热！热！

2. 酸奶散发出覆盆子的气味，是因为酸奶中有一种叫紫罗兰酮的化学物质，它最初是在紫罗兰中发现的。

3. 蛋糕中的空隙是由空气气泡形成的。做面包的面粉中含有一种酸和一种富含碳的化学物质，当它们的温度升高时会发生化学反应，产生一种称为二氧化碳的气体。

4. 色拉酱是一种液体，它是两种化学物质非正常混合而产生的一种物质。把色拉酱放在外面数小时，它会变成看上去好像在醋上面抹了一层油的东西。

5. 醋是用变酸了的酒做出来的，酸酒里面的真菌分泌出的物质引起了化学反应，于是变成了醋。

6. 烤面包是面包表层淀粉部分燃烧而焦化的过程。有时候从烤箱中冒出一些烟，那是因为面包中的碳燃烧了。

考考你的老师

如果你胆子很大（或很冒失），你可以敲开办公室的门向你的老师请教以下问题。

答案

当然有区别了。因为牛奶里含有一种叫酪蛋白的化学物质，当茶混到牛奶里时，茶里面的化学物质会把酪蛋白分解成更小的分子。如果你把牛奶加到茶中，就意味着有更多的酪蛋白被分解，茶的味道就会和煮牛奶的味道差不多。这就是为什么化学家们把茶加到牛奶中，而不是把牛奶加到茶中的原因。

令人惊奇的变化

跟泡茶一样，做饭其实也是对一些化学物质进行加热，并使它们发生一定的变化。例如：烤土豆条要达到190℃的高温，而甜蛋筒不能超过70℃。是什么引起这些神奇的变化呢？

拿下面这些讨厌的问题去问问你那毫无准备的化学老师吧！

1. 煮牛奶时为什么牛奶会"呼"的一下冒出来，而不是慢慢地从锅里流出来？

2. 食用油的沸点比锅的熔点要高，那么又是怎么用油来煎炒食物的呢？

答案

1. 牛奶里含有脂肪球，这些脂肪球在牛奶加热的过程中会在液体表面形成一层薄膜，当温度达到100℃时，脂肪层下面的牛奶会产生气泡，脂肪层被气泡破坏，牛奶就突然冒了出来。

2. 食物里含有水，这些水在正常的温度下就可以沸腾，是这些水煮熟了食物，而不是油，所以油不需要达到沸点。

肮脏的化肥

即使你吃的蔬菜也不能逃脱化学物质的魔掌。一系列的农药、杀虫剂、杀菌剂、除草剂统统会喷在正在生长的蔬菜上，以除去那些可恶的害虫和杂草。

蔬菜生长也离不开化肥。磷对人体是有害的，但它是磷肥这种化学肥料的主要成分。古代用的天然

你真胆大，这种东西我碰都不会碰的。

脸通红

富含磷的肥料是鸟粪。在秘鲁沿岸的一些小岛上就有好几米厚的鸟粪。这种特殊物质的来源……你真的想知道吗？海鸟的粪便里都是消化过的鱼的骨头，而鱼的骨头富含磷，所以消化过的鱼骨头对植物来说是一种理想的肥料。

现在的化肥都是岩石里的磷和硫酸的混合物。但化学家不仅仅研究帮助植物生长的化肥，有些食物甚至是化学家在试管里生产出来的。

"人造黄油" 的研制

法国国王拿破仑三世曾组织过一次比赛，看谁能为穷人造出又好又便宜的黄油替代品。

科学家希伯利·玛格莫瑞认为，牛能产黄油，人类应该比牛做得更好。

1869年，他公布了他神奇的配方。

配 方

牛脂
脱脂乳
冰块
猪胃酸

配制方法：

1. 加热牛脂到牛的体温；

2. 逐渐倒入猪胃酸；

3. 加入水和牛奶；

4. 搅拌均匀；

5. 加入冰块冷却；

6. 挤压成固体。

玛格莫瑞开了一个人造黄油的工厂，希望以此致富，不幸的是，法国和普鲁士的战争爆发了，他的工厂不得不关闭了。

两年后，这个秘方被荷兰的一对商人夫妇所购买，很快他们就开始生产人造黄油并大大获利。

去打仗，两年之后再回来。

1910年，动物油的缺乏使得牛脂逐渐被菜油或鱼油所代替。

看一看食物中的化学成分

你在超市买的大多数食品都含有以下这些成分，有些听起来有点怪，比如说人造黄油含有：

▶ 氢化油

▶ 乳化剂

▶ 抗氧化剂

▶ 维生素

▶ 水

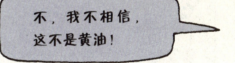

乳化剂 有两种性质：一是亲油性，二是亲水性，因此乳化剂这个能干的家伙能把水和油这两种本不相溶的东西结合在一起。

抗氧化剂 能防止人造黄油变质或变酸。洋苏草和迷迭香里含有天然的抗氧化剂，所以经常被食品加工厂所利用。

氢化油 是指把一种叫氢的化学物质加到人造黄油中去，这可以让人造黄油更硬，更像黄油。

维生素 是你可以从不同的食物中获得的一系列化学物质。维生素能让你的身体保持健康，人造黄油本来不含维生素，但出于营养的原因，就把它也加进去了。

混乱的化学烹调术

　　除了人造黄油,许多化学家还从一些你根本就不会吃的东西中提取出各种食物。

　　1. 亚历山大·布特列诺夫(1828—1886)发现从甲醛中可以加工出一种糖——葡萄糖。但甲醛是用来保存尸体的一种难闻的化学品。

　　2. 第二次世界大战期间,德国化学家发现了从脂肪中提炼油的方法,不是食用油,而是你可以倒在汽车里的油! 不知道味道怎么样?

你敢……亲自尝试一些化学烹调法吗?

　　当你在厨房用下面的秘方时,可能会闹出点化学混乱。

1. 酵母

　　酵母不仅是化学物质,还是活的。酵母是一种微小的真菌,和长在变质面包上的毛性质一样。酵母没有毒,但和它相关的那些物质会引起皮肤感染,还会引起一些肠、肺疾病。

你需要准备：

▶ 一些干酵母

▶ 2个茶匙和1个汤勺

▶ 1个小碗或大杯

▶ 一些糖和温水

你需要做：

1. 把2茶匙酵母和2汤勺温水混合在碗里；

2. 加1汤勺糖搅拌至溶解；

3. 加1茶匙干酵母，搅拌均匀；

4. 把碗留在一个温暖的地方放一个小时，结果怎样？

a）混合物变红了。

b）液体起了泡，并有一股好闻的味道。

c）在混合物中结了几个小疙瘩，有臭味。

答案

b）酵母吸收了糖分，产生了酒精和二氧化碳，就是气泡，当人们用葡萄汁做酒时就会发生这种情况。

2. 拔丝苹果

糖类是一类复杂的化合物，包括碳、氢和氧原子。许多甜食都是把糖加热到一定温度所生产的。比如说，焦糖是在120℃的时候产生的，而温度最高的是乳汁糖。下面是乳汁糖的做法。

你需要准备：

▶ 大人的帮助

▶ 25克黄油

▶ 100克食用糖

▶ 7.5毫升的水

▶ 1个温度计

▶ 1个汤勺和一个锅

▶ 1碗冰水

▶ 一些削好的带皮的苹果块

▶ 足够的牙签

你需要做：

1. 把牙签插到每块苹果块上；

2. 把糖、水和黄油在锅里混合好；

3. 加热到160℃，轻轻地搅拌，你会看到糖渐渐变成了一种褐色的、黏液状的物体；

4. 把苹果浸到锅中（小心别烫着）。拿出来之后把苹果浸入冰水中大约20秒，让它冷却下来；

5. 吃！

这之后，就没什么了——除了你得刷锅。怎么会有那么多可洗的东西呢？别介意，即使是最伟大的化学家也要亲自刷。不过别担心，还有很多化学清洁剂能帮你的忙！

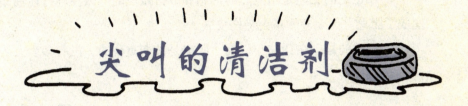

尖叫的清洁剂

当你洗油腻的盘子或擦旧浴盆时，清洁剂肯定会发出"吱吱"的抗议声。可是它是不能缺少的，没有化学清洁品，我们的生活会怎么样？到处是肮脏的东西，这就是我们的生活。

肥皂的秘密档案

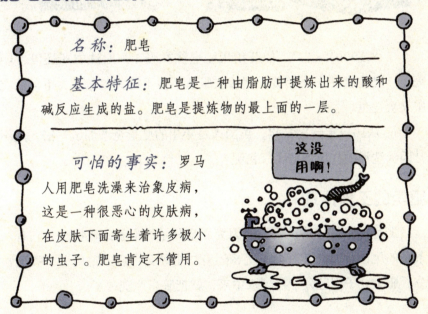

名称：肥皂

基本特征：肥皂是一种由脂肪中提炼出来的酸和碱反应生成的盐。肥皂是提炼物的最上面的一层。

可怕的事实：罗马人用肥皂洗澡来治象皮病，这是一种很恶心的皮肤病，在皮肤下面寄生着许多极小的虫子。肥皂肯定不管用。

这没用啊！

肥皂的历史

1. 第一块肥皂是由油脂和木灰合成的。这可能是某个人的厨艺出了相当大的毛病时产生的。

2. 大约在2000年前，一群叫哥尔斯人的古代人在法国开始使用肥皂。他们认为用羊脂做的肥皂洗头，头发会干净而有光泽。

3. 18世纪的肥皂是用煮熟的油脂和苏打做成的。碱性苏打使油脂变成了肥皂。但太多的碱会烧伤皮肤。

4. 幸运的是，在1853年以前，肥皂是被征重税的，没有多少人买得起。

那就是他的借口。

脏臭

5. 从1900年起，人们开始用肥皂洗衣服（那时洗衣粉还没发明呢）。肥皂会使衣服变黄，然后衣服就不得不染成蓝色了，不久后衣服又会褪色。

6. 从1911年到1980年，英国人每年用的肥皂量增加了一倍，是不是因为洗澡的次数增加了一倍呢？

肥皂的工作原理

肥皂能很好地清洗物品，因为肥皂分子的形状比较特殊。它有一条长的尾巴可以粘在脏分子上，还有一个硬头可以通过电引力吸附水分。肥皂分子把脏分子拉到水中来，就把脏东西洗掉了。

脏物

肥皂

臭袜子

你想亲自做一次肥皂实验吗?

你需要准备:

▶ 两块镜子

▶ 1间浴室

▶ 肥皂

你需要做:

1. 在一块镜子上打上一层薄薄的肥皂;

2. 打开热水龙头,你会发现只有一块镜子上有雾。

是哪一块呢?为什么?

a)打上肥皂的镜子有雾了,因为肥皂吸收了蒸气中的水汽。

b)打上肥皂的镜子没上雾,也没弄湿,因为肥皂把水汽和玻璃隔开了。

c)打上肥皂的镜子弄湿了但没有水雾,肥皂挡住了蒸气中的水分并在玻璃上形成小水珠。

答案

c)。

去污剂有什么用?

　　第一瓶去污剂是在第一次世界大战期间由德国人发明的，它最早是从煤焦油中提炼出来的。在战争中由于肥皂短缺，德国人面临了清洁难题，因此他们就用去污剂来代替肥皂。但清洁的效果并不明显，你需要用力搓很长时间才能起一点点泡沫。但这东西对纤维制品相当管用，这也算是一种补偿吧。

吃脏东西的洗衣粉

　　洗衣粉的工作原理很有趣。比如说，"生物"洗衣粉里含有酶，会引起其他化学物质之间的化学反应。洗衣粉里的酶就有助于吞食顽性固体，像血、鸡蛋、讨厌的食物残渣，而酶分子却毫发无损。

洗衣粉里还有下面这些东西:

清洁剂　这和建筑工人使用的清洁剂毫无关系。这里是指那些能搬走脏东西，阻止它粘在别的物体上的化学物质。

防锈剂　防止铁锈腐蚀洗衣机里的重要零件。

分散剂　防止洗衣粉粘在一起，帮助洗衣粉在水中溶解。

增白剂　是指那些吸收普通光而反射黑蓝光的化学物质。它可以让你的内衣看起来更白。其实这只是化学里的一个小小的伎俩。

脏物清除剂　是指那些能给脏东西一个微小的"电力"的化学品，可以把脏东西从衣服上掸走。

你肯定不知道！

在没有去污剂之前，人们用苏打洗衣服。这和泡碱——古埃及人用来保存尸体的东西——差不多。他们在给尸体裹上绷带之前先用泡碱把身体弄干。古埃及人没准还用泡碱洗绷带呢。

健康警告

一些清洁剂含有危险的有害化学物质，它们既能分解细菌，也能有效地分解你的手指，所以你千万不要碰它们。

……没错，也不要和我一样把它当洗发香波用。

浴室里的化学物品

在你的浴室里也随处存在化学品。

1. 水龙头里的水含有盐，它还含有地下岩石中的钙盐和镁盐。

2. 如果水里的钙盐和镁盐含量很高的话，水就成了"硬水"，你在打肥皂时会看到一种讨厌的渣子。

3. 硬水煮开后会产生一种不能溶解的物质。所以你会在水壶里发现一些石灰垢。石灰垢实际上就是碳酸钙——和粉笔的成分一模一样。你在电热壶里也会发现这种东西。

4. 最早的厕所清洗剂是由炸药做的，发明于1919年。当时热力学家亨利·皮卡特在一个军火工厂清理废炸药，有一些掉在厕所里，他发现炸药中的硝石粉是一种非常好的去污剂。亨利后来开了一家洁厕剂工厂，而且发财了。

5. 滑石粉来自于火山，滑石是一种叫镁硅酸盐的化学物质，由于地热而产生化学反应的岩石上可以找到这种东西。

6. 牙膏里含有浮石——另一种火山产生的岩石（你的浴室里也可以找到浮石，它对清除皮肤角质很有效）。

7. 牙膏是为了清除口腔细菌和食物残渣而设计的。第一支牙膏硬得像粉笔，它能磨掉口腔里令人讨厌的脏东西，但也能磨损人的牙齿。

你敢……试试自己做牙膏吗?

你需要准备:

▶ 盐

▶ 糖

▶ 1个碗和1个匙

你需要做:

1. 把盐和糖用一点水混在一起做成膏;

2. 在你的牙上试试吧。

注意:这些原料实际上是在19世纪被用来做牙膏的东西,不过你试一次就够了,因为糖对你的牙不好。你最好在试完你自己做的牙膏之后再用好的牙膏刷一遍牙!有些实验永远别做第二遍。

牙膏只是化学家异想天开的发明之一。有意思的是,奇妙的化学反应总能带来一些意外的发明。

哦,它没治好我的秃顶,但我的听力好了1000倍。

奇妙的发现

我终于发现了！

许多实验都伴着混乱、灾难和困惑，不少重要的东西就是在这种状态下被发现了。科学家必须清楚实验中可能会发生任何事情，有时他们本来想解决这个问题，而最后却解答了另一个难题。

化学家的格言

下面是化学家关于发明的一些感悟，到你的化学老师那儿去证实一下吧。

没有大胆的猜测，就没有伟大的发现。
——牛顿（1642—1727），万有引力的发现者和大炼丹迷

失败是成功之母。
——汤川秀树（1907—1981），他发现原子核是由许多很小的微粒构成的

我最重要的发现都是由我的失败启示的。
——戴维（1778—1829），许多化学元素的发现者

很多令人惊叹的发现都要归功于巧合的偶然事件。

8个奇妙的发现

1. **不粘锅** 据说发明者是受他妻子烹调难题的启发。她总是要铲掉粘在锅底上面的东西。于是他为妻子发明了不粘锅来解决食物粘锅问题。

2. **描摹纸** 一个因错误而产生的发明。纸厂的一个工人在木浆中放了太多的淀粉，生产出来的就是又结实又透明的描摹纸。

3. **纸巾** 本来是用来擦化妆品的，1924年，人们都认为这种纸擦鼻子挺好的，于是被当作一次性手绢来卖。

4. **硫化橡胶** 早期的橡胶靴子在热天很容易融化。但在1844年，查理斯洒了一些硫黄在滚烫的橡胶中，结果发现这两者合成的东西（硫化橡胶）就不那么容易融化了。

5. **傻瓜弹力球** 这是一种弹力游戏球。1943年，科学家们企图在硅盐酸中提炼人造橡胶的时候发现了这种东西。它对轮胎没有什么用处，但化学家们觉得它很好玩。一个敏锐的商人抓住这个机会开发了一种新的玩具，3天之内就卖出了75万个弹力球。

6. 润 滑 油　在1690年它是作为一种治疗风湿性关节炎的药销售的。刚开始的荒谬想法是，如果它能使关节更灵活，对铰链是不是也一样有效呢？

7. 电 木　理·贝克兰德（1863—1944）在一次偶然的事件中发现了一种新的塑料，是用苯酚和甲醛做的，这是新的塑料——电木。更值得一提的是，他往奶酪三明治上挤甲醛时又发现了同一现象，真是一个神话故事。

8. 染 料　是用煤里的化学物质制成，1856年，一个年轻人威廉·帕金（1838—1907）偶然发现了它。

一个丰富多彩的人生

1. 帕金12岁时，一个朋友给他示范了一些化学实验。

2. 帕金决定自己亲自试一试化学实验，几年后他被皇家科技大学所录取。

黑色软泥

3. 放假时，他在他父亲的花园里做化学作业。他想做一些药品——奎宁，是以煤焦油为原料的。但结果让他大吃一惊，做出来的是一堆令人恶心的黑色软泥。

4. 很多人这时候就放弃了，但帕金没有，他感到很迷惑。所以，他加了一些酒精，于是一些可爱的类似紫色的小晶体出现了。

5. 这种淡紫色是一种新的颜色，以前从未见过。帕金把这些晶体制成了染料。实践证明，这是一种理想的丝绸染料。

6. 帕金给苏格兰公司寄了一份样品，很快就收到了回信。

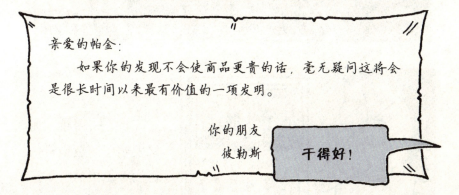

这是多么地鼓舞人心啊！

7. 小帕金和他父亲商量投资办一个生产紫色染料的工厂，起名为"泰勒紫色"。

41

8. 淡紫色渐渐流行起来，很快，每个人都想穿这种颜色。甚至邮票也用了这种颜色。

9. 威廉·帕金富有起来，35岁的时候就可以退休了。他盖了一座新房子，当然里面少不了他私人的实验室。

10. 1869年，他又发明了红色染料，但一个德国的科学家一天就把他的发现打败了。

11. 1906年，他举行了一次庆祝会来纪念淡紫色的发现。世界上最著名的科学家和商业大亨都参加了，大家都祝福68岁的威廉·帕金。

12. 不幸的是，不久帕金就死了，他太兴奋了。

同时科学家们不断地用塑料做实验，他们发现了更多人造物质，有了更多偶然的发现。

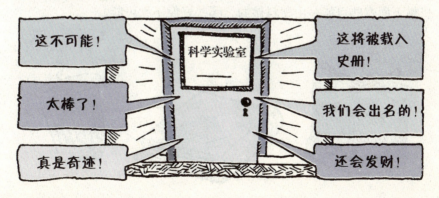

塑料秘密档案

名称：塑料

基本特征：塑料的化学结构是一种以碳原子为主组成的分子长链。它一般是由石油中的化学物质制成的，煤、天然气、棉花，甚至是木头中也能提炼出这种物质。塑料很硬，但可弯曲，因为它里面的分子是互相交错在一起的。

有趣的事实：现在有些塑料制品能在地下自行腐烂，这种塑料是由微生物里面的二氧化碳和水做的。微生物腐烂了，塑料也就没有了。

皮特的塑料棺材只要两块钱，而且埋在地下能烂掉。

有趣的塑料小测验

塑料制品的种类五花八门，有时候我们惊叹塑料的用途太大了。想想下面哪些可能是由塑料做的，哪些好像不太可能？

3. 一次性杯子

2. 书皮

1. 鼓

4. 假眼球

7. 口红

6. 假肢

5. 喷涂剂

8. 水桶

答案

1. 是。聚乙烯。

2. 不是。如果你滴些饮料在你的书皮上，书皮上的树脂可以防止把书弄湿。不要试，更别在这本书上试。

3. 是。

4. 是。它们含有丙烯酸，这样当眼球从眼眶里掉出来时就不会摔碎了。

5. 是。它们含有丙烯酸。

6. 是。

7. 不是。

8. 是。

好奇怪的表达方式

一个化学家跟他最好的朋友说：我的内衣是由聚亚乙基己二酰胺做的。

这是不是很可怕？

有什么可怕的，他确实穿着尼龙短裤啊。

一个"长长"的故事

地球上还从没见过类似的东西。它像钢铁一样坚硬，是做防弹衣的理想材料。但它的纤维和蜘蛛网一样纤细，而它的原料不过是石油、天然气、水和空气。

1928年，一个受人尊敬的化学家威莱士·休姆·卡罗瑟斯加入了美国戴维尔的一家大型化学公司——杜邦集团。

公司的副总裁查尔斯·斯丁说："有一项特殊的任务要交给你，我们想让你从矿物质中提取出丝绸。"

可能大多数人都会说："噢，这个任务太难了！"但卡罗瑟斯沉思起来："我得先看聚合物，我的意思是这些分子可以使丝绸纤维又硬又有弹性，我想这是不是有可能呢？"

小毛虫都能做到，我们也能做到。

厚脸皮！

"我想最好的方法是，"卡罗瑟斯说，"应该合成一些新的分子出来。"

"噢,这些我不管,只要你能帮我找到和丝绸一模一样的东西就行。"

卡罗瑟斯的实验室堆积着奇形怪状的瓶子。到处是三脚架、装着奇异液体的罐子和贴着让人看不懂的标签的玻璃瓶子。但他对这里有一种家一样的亲近感,他伟大的发明也是在这里成功的。

经过5年的研究,卡罗瑟斯发明了尼龙。可这没用,尼龙是试管底部的一层透明的塑料膜,它的熔点极高,这怎么能做成织布用的纤维呢?

卡罗瑟斯把他的注意力转移到了聚酯上面。有一天,卡罗瑟斯的助手朱利安·希尔在摆弄试管里面的聚酯时,奇怪地发现,他可以用小棒从这里面抽出线,就像比萨饼上面的马苏里拉干酪丝一样。

"我们等老板出去之后做一个小实验。"卡罗瑟斯对其他人说。

他们把黏的聚酯拉得尽可能长,在走廊里拉成一根几米长的线。

你会爱上它的!

这个过程使聚酯的分子发生了变异，形成了高强度的纤维。这种方法能用于尼龙吗？事实证明，确实是这样的。

这个重大的突破使创造新的纤维成为可能，我虽然不知道卡罗瑟斯当时的反应，但猜想有可能他会说："见到你的弹性这么好，我真高兴，哈，哈！"

在1938年的世贸会上，尼龙袜引起众人瞩目。一个妇女听到查尔斯·斯丁说："这是第一种人造有机针织纤维……比任何普通的天然纤维更有弹性。"

更难得的是，尼龙的价格要比丝绸便宜得多，大多数人都能买得起。这一发明让消费者欢呼雀跃，但卡罗瑟斯却看不到这样的场景了。

悲惨的结局

1936年，在他姐姐死后，卡罗瑟斯从楼梯上摔了下来。第二年，他用一剂剧毒的氰化物结束了自己的生命，年仅41岁。

更多的人造奇迹

几年之后，战争爆发。尼龙在战争中也显示了它的价值，人们用它制成无数个降落伞，旧的降落伞又被回收来做袜子。

现在，尼龙不仅被用来做袜子，还用来做别的很多东西，比如说绳子、牙刷的毛。但尼龙仅仅是成千上万种人造物质中的一种，人造物质从丙烯酸的涂料到氧化锌药膏（对使用尿布而引起的皮疹特别有效），可以列出长长的一串。

不过很有意思，所有的化学物质都有一个共同特征，它们都是由原子构成——这些小精灵一样的东西使化学物质变得稀奇古怪。下面我们该学有关化学的最基本的东西了。

你只是一堆特别熟悉的老原子的组合体罢了。

恐怖的原子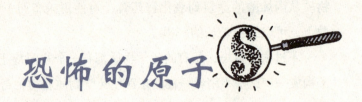

原子说起来是很可怕的，那么小，却又那么重要。毕竟，世界万物都是由原子构成的——包括你。

难以置信的微缩版化学老师

机器已经准备好了，所有的灯和管子都擦得很亮，上面闪烁的光芒好像在告诉我们：开始用吧。现在需要的是一名大胆的志愿者来冒险尝试这个未知的东西。这个人将要承受一次收缩射线的可怕力量，希望他能活着告诉我们他的感觉。

这个志愿者已经做好了准备，这是一个有着钢铁般意志的人。在"可怕的科学"的旅程中，她的这次旅行恐怕是有去无回了。这个英雄的志愿者不是别人……就是你们的化学老师！

她站在射线下，看起来要消失了。不一会儿，她就只有玩具娃娃一样大了，缩小还在继续。一眨眼，她就只有原来的1/50大了，现在她小到可以放到你的口袋里，这是一只蚂蚁还是蚊子？不，那是你们的老师，只是她现在比以前小了500倍。嘿！她哪儿去了？

哦！哇，哇……

肉眼能看见的最小的物体大约是1/10毫米，而你的老师现在比这还要小。如果你有显微镜，还可以在她400倍小的时候看见她，但她已经比那还要小了，现在她甚至比最小的微粒——1/50 000 毫米还要小。这真是够小了，是吧？

那个已经缩小到令人无法相信的程度的老师正在下落，一头栽入球海之中，每个球都像一个被围着无数云雾的星体，她已经到达了原子的奇妙世界里。

这是一个小小世界

▶ 你把100万个原子拉成一条线，也只能盖住一个英文句子最后的句点。

▶ 一个针尖里有1亿亿个原子——1 000 000 000 000 000 000个呀！

▶ 而一个顶针拥有600 000 000 000 000 000 000 000（600万亿亿）个原子。

原子这么小，我们是怎么发现它的存在的呢？

科学家画廊

德谟克利特（前460—前370）国籍：希腊

这个古希腊人被人称为"可笑的哲学家"（没人知道为什么）。人们一定是嘲笑他胡说有原子的存在，他认为：

把一片奶酪切成两半，然后再把其中一块切成两半，一直持续下去，最后，当奶酪没法再切下去时，这就是原子。

在那时候，几乎没人相信原子的存在，因此人们拿德谟克利特开玩笑。几百年后，他的想法被证实了，他才是笑到最后的人。

你肯定不知道！

现在科学家们用扫描显微镜能看到原子甚至照出原子的照片。这个奇妙的仪器可以测出某一点上原子和原子之间电能的大小，形成的图像看起来很像一个乒乓球。

原子的内部

你能想象一下，你那个被缩小的老师，如果她钻到原子里面去，会看见什么吗？

1. 原子是由一个原子核和周围围绕的电子组成的集合体。这些电子都有微量的电能。

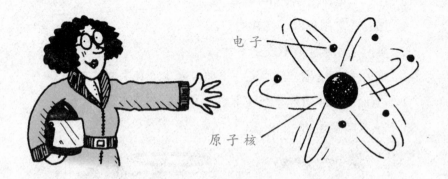

2. 电子飞行的速度非常快，当你盯住它的那一瞬间，它早已经飞到别的地方去了。

3. 不过，请注意，电子不会乱飞的，它只能在围绕原子核的固定轨道上运动。

你敢……亲自观察一下原子的行动吗？

你需要准备：

▶ 在冰箱里冰了两小时的水

▶ 食用色素

▶ 1个大玻璃杯

你需要做：

1. 在杯子里倒一半热水；

2. 加一些食用色素，搅拌均匀；

3. 再倒上冰水，看看发生了什么？

a）什么也没发生，热水还在下面，冰水还在上面。

b）上面的冰水看起来在往下滑，和下面的热水混合。

c）热水向上运动。

挺有意思！

答案

　　c）热水的分子比冰水的分子要运动得快，所以从整体上看是热水在往上移。这时你可以看到无数的原子在运动。

　　化学家研究原子时，首先想知道的是一个物体中的原子是怎么结合在一起的。一般解决问题的方法是先认真地做一些科学的实验，然后重复实验，以确保结果的正确性。

　　但有个人用了另外一种方法……

科学家画廊

弗里德里希·凯库勒（1829—1896）国籍：德国
读书时，凯库勒的画画得非常好，他想成为一名建筑设计师。

有一天，他偶然目睹了一宗科学谋杀案。小凯库勒被可怕的科学证据所迷惑，奇怪的是居然这些古怪的证据还被法庭接受了。凯库勒决心成为一名科学家，他就可以接触到更多的五彩缤纷的科学知识，于是1854年他来到了伦敦。

梦中的启示

1. 1854年，凯库勒正坐在一架双层的马车上。

2. 他突然看见原子在跳舞。

3. 随后，他醒了。

4. 但这个梦给了他很大的启发。

5. 他决定用小球和小棍做一个原子模型。

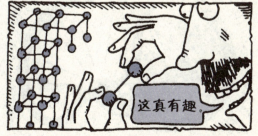

通过这种方法，他弄明白了为什么有些原子之间的结合要比别的原子之间的结合要容易得多。这为化学的进一步发展开辟了新的空间，而这都是因为一场梦。

6. 1863年，在比利时的凯库勒又做了一个梦。那时他正在写一本书，由于感冒，不停地打喷嚏。

8. 他迷迷糊糊地睡着了，梦见了蛇。

7. 但他一直在思考一个复杂的化学问题。

9. 其中有一条蛇咬住了自己的尾巴。

10. 凯库勒醒了，回忆起这个梦，他又有了一个新设想。

11. 但很多人都认为这很荒唐。

　　凯库勒用了几年的时间耐心地做实验，最后他终于证明他梦里的构思是正确的，苯确实是一种环形结构。这个梦中的发现使得制造新的化学染料和别的很多有用的物质成为可能。

混乱的元素

　　地球上共存在100多种原子，这些不同的种类就是我们所知道的"元素"。很多年以来，由于化学家都企图对这些化学物质进行分类，化学界的知识库一度非常混乱。元素的概念是由一个英国的科学家——约翰·道尔顿提出的。

科学家画廊

　　约翰·道尔顿（1766—1844）国籍：英国

　　约翰·道尔顿可不是一个懒散的人。他常常连续工作好几个小时，研究科学，再研究科学，还是研究科学。顺便说一句，他还是一个化学老师，很多科学家都在很年轻的时候就当了老师，约翰开始当老师时才12岁。

　　像其他科学家一样，约翰知道水能分解成氢和氧，但氢和氧就不能再分解了，因此他称这些化学物质为元素，并指出这是一类原子。别人都取笑约翰，但不久他们就发现自己错了。科学家的实验无一例外地证明了约翰的观点。约翰成功了，在化学界占据了一席之地。

混乱的化学元素

　　地球上固有的元素有90多种，科学家已经能用微粒子创造出新的化学元素了，但这些新元素有一个很讨厌的习性——一秒钟后就分解了。

　　下面是一些非活跃元素的基本知识。

化学元素的基本知识

元素名称：铝

存在地点：泥土或岩石中。

重要特点：一种实用的金属，主要用于制造盔甲、锅、厨房用具和折叠椅，甚至还可以做衣服。

还有帽子。

元素名称：碳

存在地点：钻石、苯、煤和铅笔芯里。

重要特点：人体内最常见的元素，这有点儿不可思议，因为人们没想到自己就是由这些像煤块一样的东西构成的。

我也是！

元素名称：铅

存在地点：这不是你"铅笔"里的那个"铅"，真正的铅是一种经常能在老教堂的屋顶上摸得到的灰色金属。

重要特点：如果你误吃了铅，它就成了很危险的毒药。如果它正好掉到了你老师的脚上，那就是个很沉的东西。

老师的脚

元素名称：钙

存在地点：在牛奶、粉笔、大理石、骨头以及骨头断了时打夹板用的石膏里。

重要特点：点燃钙，它的火焰很好看，不过这可不是你点燃你老师包扎着的脚趾的理由噢。

哈！真好看！

元素名称：氯

存在地点：在盐、海水、岩盐中。

重要特点：杀菌的好东西，不过吸到鼻子里可是够呛人的。

元素名称：铜

存在地点：在地下。

重要特点：从电线到牛仔衣上的铜铆钉，它的用处可不少。由汽车和其他工业生产引起的空气污染会引起一种使铜变绿的化学反应，这就是为什么纽约的自由女神看起来有点病恹恹的原因。

给我洗个澡吧！

元素名称：金

存在地点：在地底下的岩石中。

重要特点：金做的首饰很好看，所以人们很愿意把它戴在脖子上，而且它还很值钱噢。

元素名称：氦

存在地点：在空气中。

重要特点：可以用来给气球充气，它比空气轻，所以能让气球飘在空中。如果通过氦呼吸，你的声音会像老鼠一样。因为你的声音在氦气中的传播速度要大于空气，所以听起来又高又尖。

元素名称：氢

存在地点：宇宙中最普遍的元素，像太阳这样的恒星就是由氢构成的。目前我们所知的宇宙里氢占了97%。

重要特点：氢还是最轻的元素，它总是往上跑，所以我们可以用氢气充气球。它还可做火箭的燃料。硫化氢是一种气味和臭鸡蛋差不多的气体，但不要和臭弹混了，硫化氢是有毒的。

元素名称：铁

存在地点：地球上含铁的东西有很多，泥土和岩石中也有。

重要特点：铁可以做栏杆。而血液中的铁能使血成为鲜红色。

元素名称：氧

存在地点：地球上最普遍的元素。

重要特点：很幸运，空气中1/5是氧气，要是没有它们，我们全活不了。有些人认为如果呼吸纯氧气，他们会更长寿，这些人是大错特错了。科学表明，太多的氧气对人类有害，它能使血压过高引起生命危险。

元素名称：银

存在地点：地下的岩石里。

重要特点：可以做成饰物挂在脖子上，可以涂在玻璃后面做镜子。过去50年里，我们已经失去了10万吨银币，它们去哪儿了？我也想知道。

可事实上，我到现在也没搞清楚。

元素名称：钚

存在地点：存在于核反应堆中，自然环境中是不存在的。

重要特点：钚有剧毒，它看起来像金属，但一到空气中就变绿，潮湿的空气也可以使它着火。1940年发现钚的那个人把它放在一个火柴盒里。好奇怪啊！

元素名称：硫

存在地点：硫是一种黄色的化学物质，存在于火山爆发时吐出来的烟灰中。

重要特点：有一段时间，它以硫黄和与蜂蜜混合而出名。它是一种儿童用药，但味道不好，所以很有可能被孩子们吐出来。

奇怪的元素测试

有些元素很奇怪，下面哪些是真，哪些太离奇古怪，不是真的？请你判断。

1. 磷元素是一个炼丹师在检验他自己的尿的时候发现的。

2. 钇、铒、铽和镱元素是在瑞典的一次采矿中被命名的。

3. 镝元素发现于1886年，希腊语的意思是"真的很臭"。

4. 硒元素由一个瑞典科学家柏泽林发现。可悲的是直到他自己被毒死，他才意识到它是有毒的。

5. 镉元素是在它碰巧被倒进一瓶药里的时候被发现的。

6. 氪元素是以超人来的那个星球命名的。

7. 发现铍的科学家以他妻子的名字"贝利"命名了这种元素。

8. 砹元素非常稀少，在整个地球上只找到0.16克。

9. 铒最先是在毛毛虫身上发现的。

10. 镥原先是巴黎的古罗马名字。

答案

　　1. 尽管很恶心，但是真的。据说这是炼丹师柯宁·布兰德在1669年发现的。磷在黑暗中闪闪发光——想必也把他吓了一跳。

　　2. 真的。这个地方叫"钇贝"，好几种元素都是在这里发现的。

　　3. 假的。它的意思是"很难得到"。

　　4. 真的。不幸的是柏泽林死了。

　　5. 真的。1817年，当时德国科学家弗里德里希·斯特罗麦耶正在分析一瓶药的化学成分。

　　6. 假的。但最近发现氙能在太空中飘浮，氙在希腊语中的意思是"秘密"。

　　7. 假的。

　　8. 真的。这是所有元素中储量最少的一种。

　　9. 假的。

　　10. 真的。

你肯定不知道！

你能在俄国化学家德米特里·门捷列夫（1834—1907）发明的元素周期表中找到所有不同的元素。它的原理是这样的：

1. 元素根据它们外围的电子数进行分组。
2. 每一组元素和其他物质反应时，性质相似。

科学家画廊

德米特里·门捷列夫（1834—1907）国籍：俄国

门捷列夫的父亲是一位瞎了眼睛的老师，他的母亲经营一个家庭玻璃厂，带大了14个孩子。门捷列夫14岁的时候，玻璃厂被烧光了。

门捷列夫去圣彼得堡学化学。他把各种元素写在卡片上，在拿这些卡片玩他最喜欢的耐心游戏时，他发现了其中的规律，编成了元素周期表。1955年，第101种元素以他的名字命名为钔，完善了他的周期表。

复杂的小东西

元素就是这些东西，你所需要知道的就是元素在周期表中的哪个位置。是不是很简单？真的吗？哦，不是这样的，再加一点，元素总是在不断变化也在不断互相混合，你很快就会觉得迷茫的，看看下一章吧！

我想喝水，妈妈！

你想要固体水、液体水，还是气体水？

奇妙的化学变化

每个东西都在发生变化，这是众所周知的事情。为什么事物会发生变化呢？对化学物质来说，主要是因为热或冷导致一些奇妙的化学反应。

你肯定不知道！

你大概会说水是液体，铁是固体，而氧气是气体。错，错，大错特错。实际上所有的化学物质既是液体又是固体还是气体，这仅仅取决于它当时的温度。0℃以下的水是固体，我们称之为冰，超过0℃，又变成了水，而超过100℃，水就开始大量蒸发，变成了气体，你可以叫它水蒸气。

固体的秘密

你想没想过，为什么有些固体是软的，而有些是硬的呢？还有，你想没想过，为什么你姑妈的瓷杯总是摔坏，而她的石杯却一直都没事……只是因为像岩石？答案在下面：

▶ 在每种固体中，原子都是集合在一起的，但重要的是结合的方式不一样。

▶ 如果固体是可抻拉的黏性结构，它们就很容易像橡皮手套一样撑开，而且很容易缩回去。

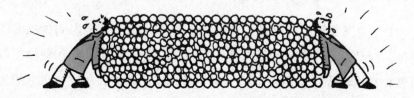

▶ 每个硬的东西像钻石一样，原子结构的安排都是非常紧凑结实的框架结构。

▶ 石墨（也就是铅笔芯）是比较软的，它的原子结构安排得就比较松散，所以你写字的时候"铅"就很容易磨损。

▶ 瓷器中原子的排列比较密，结合得也比较紧，但只要有一个原子联结被破坏了，整个瓷器也就完了。

▶ 金属原子的周围是一群拥挤的电子（这有点像课间休息时的老师，身边总是围着一大群学生），这些电子之间力的作用使原子的位置相对比较固定。但每个原子也不是固定不动的，所以如果你的力

气足够大，你就可以折断一根铁棒。

融化瞬间

下面介绍一些有关熔点和冰点的事。

1. 在加拿大北部，有些湖结冰，这往往是从一个小冰晶体发展起来的，最后漫延到整个湖面，每个湖面可以看成是一个巨大的冰晶体。

2. 冰的密度小于水的密度，所以当水逐渐变成冰时，它开始膨胀，用每平方厘米140千克的力相互挤压，这样的压强足够使一只船沉没，或把一个人挤死。

3. 当水在空中相遇，遇冷结成冰，就会下雪或下冰雹。小冰块在冷空气中越变越大，这时就产生了冰雹，最大的冰雹直径有19厘米呢（1970年在美国的堪萨斯州曾发生过）。

4. 有时候还有小雪球，这是因为雪是部分融化的冰，含有水分，我们可以把它捏在一起。不过，如果在南极那样低的温度下，雪就变得又硬又碎，所以在南极是无论如何都无法打雪仗的。

5. 当水结成冰时，水分子是相对静止的，虽然也有点不稳定。

6. 只有在相当冷的时候，水分子会完全停止运动，这个温度是–273.15℃，即绝对零度。

7. 当冰融化时，分子要吸收热能，并且变得越来越不稳定，当它们彻底摆脱彼此的控制完全自由时，就变成水开始四处漂流了。

8. 水的温度越高，水分子的运动就越快，直到它们与原有的液体脱离，逃入空中变成气体为止。

你肯定不知道！

1. 不同的化学物质，熔点和沸点都不同，这跟物质内部原子的连接程度有关，如果连接很紧密，就需要大量的热能才能把它们分开，所以熔点就要高一些。

2. 要把气体变成液体，周围的温度要足够低。液态氧形成的温度是–188.191℃，变成固态氧需要的温度就更低了——–218.792℃！幸好，我们的天气没有这么冷的时候，否则我们就要没有氧气呼吸了，那又将会是什么样？

考考你的老师

无论什么东西都有液态——只要有合适的温度。就拿下面这些精怪的问题吓吓你的老师去吧。

1. 经历数百年后，玻璃会慢慢收缩一直到窗户的底部，请问这是液化还是固化？

2. 计算器上黑色的显示屏是由晶体做的，那么晶体是液体还是固体呢？

3. 我们在学校吃的乳化糕是液体还是固体？

不太清楚，我先自己尝尝。

4. 如果把氦冷却到-271℃，它会流出来甚至从烧杯里爬出来，这时它是液体还是固体？

答案

1. 这是液体！

2. 聪明的问题。这是介于两者中间的一种状态，它在加热时不会熔化，即使温度已经到了变成液体的时候！

3. 这是一种叫作胶的液体，乳化糕是一种有几滴油的液体。它之所以是胶状物质，可能是因为如果完全是固体的话，对胃不好，所以一半是液体。

4. 又是一个聪明的问题，这是一种过冷的液体，所以它的表现特别奇怪。

混合的物质

我们的地球上有很多东西是由混合的化学物质组成的。比如我们呼吸的空气，你吸一下，就吸进了氧气、氮气、氢气，还有其他一些气体的杂乱混合物。所有这些气体的分子都是完全混在一起的，但有意思的是，它们之间没有任何反应，什么事也没发生，所以你根本就用不着在意它们。

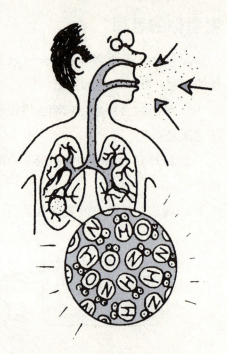

但你把两种气体或液体混合起来的时候，每种化学物质的分子都在不断延伸，直至完全融合，但有些物质之间混合得不均匀。

如果一种液体比另一种要重，例如它可能会沉到一杯水的底部，根本不和水相溶。下面，我们来试着做一杯五彩缤纷的化学鸡尾酒。

你需要准备：

▶ 1个高点的杯子

▶ 水（如果加点儿人工色素，效果会更好）

▶ 油

▶ 糖浆

▶ 蘑菇（可选）

▶ 樱桃（可选）

你需要做：

1. 在杯子里倒同样多的水、油和糖浆；

2. 看看会发生什么事？

3. 在下面3个答案中选择你的答案。

a）所有的液体都混在了一起。

b）水在最上面，油沉到中间，糖浆在最底部。

c）油在最上面，水在中间，糖浆在最底部。

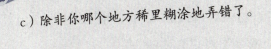

c）除非你哪个地方稀里糊涂地弄错了。

你肯定不知道！

如果你把一些固体和水混在一起，有时固体会溶解，这是为什么呢？水分子是由一个氧原子和两个氢原子构成的，好玩的是，氢原子中的电子被氧原子偷去了一个，这样氢原子变成带正电，氧原子带负电了。水分子就这样活生生地被拆开了，在水中孤独地漂荡，仅靠电子之间的一点力维系着。

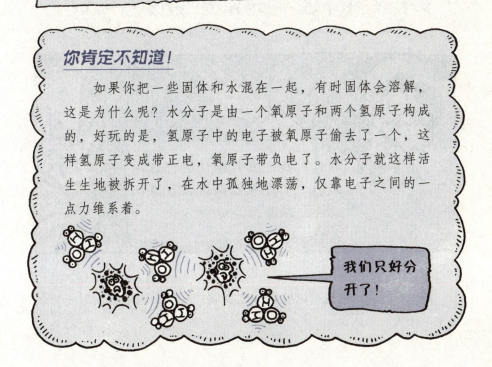

分离开的物质

化学物质不但可以被混合起来，很多时候也可以分离开来。例如，某种东西和水的混合物就可以通过加热的方法把水蒸发掉，从而离析出原来的化学物质。说到把东西从水中离析出来，一个科学家有一个很有意思的想法，他是德国的弗里兹·哈伯，他的故事是这样的……

科学家画廊

弗里兹·哈伯（1868—1934）国籍：德国

弗里兹·哈伯长得又瘦又小，他在照片里总是一本正经的样子。尽管是一个商人的儿子，他还是投身于化学事业为国家效劳了，是的，弗里兹·哈伯是德国的秘密武器。

在第一次世界大战（1914—1918）以前，弗里兹发明了一种能制出氨的新方法，带来的影响有好也有坏。

▶ 好影响：氨可以做一种廉价的化肥，对植物的生长很有好处。

▶ 坏影响：它也可以做爆炸性物质。在第一次世界大战中为此死了不少人。

"第一次世界大战"的最终结果是德国输了，整个国家一团糟，贫穷混乱，就在这时，弗里兹产生了他奇妙的想法。

弗里兹去淘金

如果你真的想赚几亿元的话，不用在周末给你老爸刷车，而是去淘金！在海中有上百万吨的金子。想想，地球表面的71%都是水，而海水占了其中的97%，无数的河流把金子从岩石和缝隙中冲刷出来，全部流入海中。

但有一个小小的问题，金是由很小的原子组成的，它们与不计其数的水、盐还有其他各种溶于海水中的杂质混合在一起。

在此前50年里，至少有不下50个科学家想找到分离出金的办法，但都失败了。

弗里兹和他的助手们还是跃跃欲试。他们租了一条叫"哈萨"的豪华轮船，四处寻找富含金子的海水。他们打算把海水煮干，再用其他方法把金子从固体剩余物中分离出来。

他们在此后的8年里进行了3次航行，最后不得不放弃了。他们失败的原因是：如果你能在10亿桶海水中找到40桶含有金子的就很幸运了，海水里虽然有很多金子，但水太多了。到海水里去找金子就跟你数牛毛一样不值得。

弗里兹的故事可没有到此结束，在下一章你还会见到他的。

这就是气体

没有气体就不会有混乱的事情发生，当然我们也就无法呼吸，气球也会从天上掉下来。气体是个很麻烦的东西，特别是那些有毒或会爆炸的气体！但它们也很有意思，有时甚至是好玩。比如说一氧化二氮，你肯定知道它就是笑气。

一些气体是有毒的（具体请看下面的介绍）。

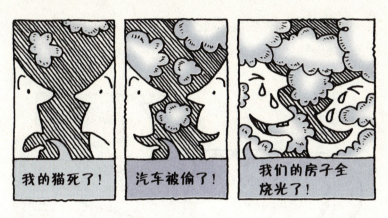

我的猫死了！　　汽车被偷了！　　我们的房子全烧光了！

气体秘密档案

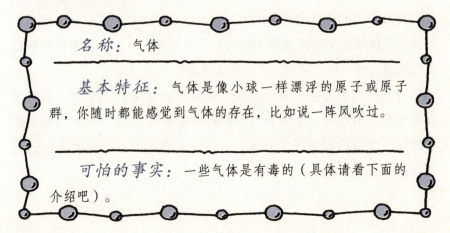

名　称：气体

基本特征：气体是像小球一样漂浮的原子或原子群，你随时都能感觉到气体的存在，比如说一阵风吹过。

可怕的事实：一些气体是有毒的（具体请看下面的介绍吧）。

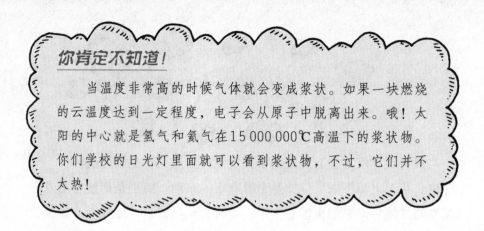

你肯定不知道!

　　当温度非常高的时候气体就会变成浆状。如果一块燃烧的云温度达到一定程度,电子会从原子中脱离出来。哦!太阳的中心就是氢气和氦气在15 000 000℃高温下的浆状物。你们学校的日光灯里面就可以看到浆状物,不过,它们并不太热!

臭弹

　　有些化学物质的气味很难闻,比如臭气。气味是由我们在空气中嗅到的气体分子引起的,现在你可以放出一点臭气用于……

快捏鼻子!

威力最大的炸弹

　　目前知道的气味有17 000种,但最不好闻的是乙硫醇和丁硒醇。这两种气体闻起来都像腐烂了的卷心菜、洋葱、大蒜、臭水沟等所有臭气的混合体一样。闻过一次,终生难忘!

　　有一种化学品叫乙基香草醛,是从实验室里制出来的,闻起来有点像香草的气味。它的香气浓烈得你根本想不到,0.000 3克就足够清除一个室内运动场的臭味。希望你最喜欢的香草冰激凌比这更芳香。

你敢……亲自做气体实验吗?

1. 握住一些气体

你需要准备:

▶ 1个气球

你需要做:

1. 把气球吹大,用手指捏住气球口;
2. 使劲挤气球。

发生什么了?

a)你越挤越感到费力。

b)气球逐渐变软。

c)气球和原来一样。

2. 制造你自己的气体

你需要准备:

▶ 1个细颈瓶,装上半瓶水

▶ 1个气球(用上面用过的那个)

▶ 2片碱性药片

你需要做:

1. 吹大气球,放掉一些空气使它软一些;
2. 倾斜瓶子把药片放在瓶口;
3. 把气球口撑开套在瓶口;
4. 让瓶口的药片掉到水里去。

发生什么了?

a)气球掉进了瓶子。

b）气球炸破了。

c）气球慢慢地充胀起来了。

3. 气泡的麻烦

你需要准备：

▶ 1瓶汽水，柠檬水或可乐

你需要做：

晃荡瓶子两分钟，慢慢打开瓶盖，看看发生了什么？

a）什么也没有。

b）大量的气泡和气体冒出来。

c）出现气泡，一会儿就沉入瓶底。

答案

1. a）大量的气体原子被挤到了一起，你越用力挤，原子对你的反作用力也越大。

2. c）药片和水发生反应，产生二氧化碳，这些气体的分子由一个碳和两个氧原子构成。

3. b）汽水里面会有二氧化碳冒出来，它原是在高压下溶于水中，拿掉瓶盖后，压力减少了，二氧化碳冒出来形成了气泡。

你肯定不知道！

就像"实验3"一样，在深海里的潜水者的血液会在上浮时产生气泡，这种气泡会给人带来致命的危险，要防止这种气泡的产生，潜水者应该在减压舱里待一阵子，那样他们的身体会习惯于压力的变化。

多有趣的气体呀！

空气主要是由氮气构成。尽管它对人类并没有什么用处，但有些植物却能利用氮来提高生长速度。空气中的氧气和二氧化碳是最值得我们关注的。

科学家画廊

约瑟夫·普利斯特利（1733—1804）国籍：英国
普利斯特利的朋友汉弗莱·戴维曾说过：

从没有哪个人像普利斯特利那样发现过那么多的新东西。

天哪！

普利斯特利会9种语言，但他的数学很糟糕。18世纪90年代，普利斯特利在政府工作中与他人产生分歧，他的政敌派一名暴徒破坏了他的实验室。伤心的普利斯特利去了美国。你能和普利斯特利一样思考吗？试着解释一下他的一个著名实验的结果吧。

热空气

1. 1674年，科学家约翰·玛雅把一只老鼠和一根蜡烛同时放在一个密封的瓶子里。

2. 随着蜡烛的燃烧，老鼠慢慢地死了。

3. 1771年，普利斯特利把蜡烛燃烧到火焰熄灭，再把植物薄荷的一个小枝放到瓶子里。

4. 小树枝活得很好。

5. 几个月后，普利斯特利又放了一只老鼠进去，这一次老鼠一直活着。

6. 最后他又在瓶子里点了一根蜡烛，蜡烛正常燃烧，树活着，老鼠也活着。

这是因为：

a）老鼠产生的气体正好是植物需要的气体，蜡烛也需要这种气体。

b）植物需要的气体是由蜡烛产生的，而植物产生的气体是老鼠需要的。

c）蜡烛产生的气体是老鼠和植物都需要的。

答案

b）植物需要二氧化碳而释放出氧气，而氧气正是老鼠呼吸所需要的。

1774年，普利斯特利加热氧化汞时发现了一种无味的气体。他把这些气体放到瓶子里，再在瓶子里放入一只老鼠，老鼠好像过得挺好、挺开心，所以普利斯特利嗅了嗅那种气体。

这老鼠好像过得不错！

这种气体是什么？

a）是由植物产生的。

b）是由蜡烛产生的。

c）是由老鼠产生的。

答案

a）1783年，普利斯特利的朋友拉瓦锡（后来被杀了头）发现蜡烛所释放的气体和老鼠产生的气体是一模一样的，都是二氧化碳，拉瓦锡把普利斯特利在实验中发现的另一种气体——从氧化汞中释放出来的气体称为氧气。

你肯定不知道！

是普利斯特利发明了汽水。他利用一个由洗衣桶改造的自制机器把二氧化碳气体压到水里，然后再装到一些酒瓶子里。这些水喝起来甜甜的，也可以加入你喜欢的果汁。但别出心裁的普利斯特利居然让气体通过猪的膀胱，所以人们都说他"造"出来的"饮料"喝起来也像猪尿一样。

考考你的老师

是谁发现了氧气，是普利斯特利还是拉瓦锡？

答案

谁也不是。氧气是很多年以前由瑞典科学家卡尔·斯克尔发现的。

科学家画廊

卡尔·斯克尔（1746—1786）国籍：瑞典

卡尔·斯克尔发现了很多新的化学物质，像氧气、氯、氮等，但现实生活中这个可怜的科学家过得可不太顺利。由于出版社的失误，记录他的发现的书一直过了28年还没出版。在这段时间里，其他科学家已经发现了同样的化学物质。更糟的是，卡尔·斯克尔死于他新发现的一种化学物质，但他居然没有记录下来这种化学物质是什么。

在同一时间，拉瓦锡还研究过氢气，这种气体比空气要轻，可以使氢气球飞上天。但有一个问题，氢气易燃。1783年法国气球开拓者罗兹尔斯想用这种办法使机器飞起来，你猜发生了什么？

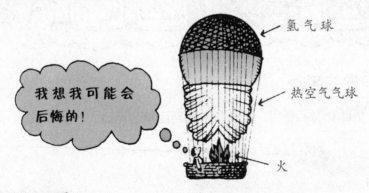

氢气球着火爆炸了，这个可怜的气球大师死了。

笑在最后

汉弗莱·戴维（1778—1829）发现笑气（一氧化二氮）时才19岁，他觉得这种气体闻起来很有意思，感觉很不错，所以他就大笑了一阵。

后来笑气表演作为一种娱乐流行了起来。你可以看到人们嗅完气体后自得其乐。1839年，一个化学家描述了人们在吸进这种由猪的膀胱中放出来的气体的情形：

有些人在桌子和椅子上跳来跳去，有些人胡言乱语，有些人很想和人打架，至于笑，我认为只有在观众的脸上才有。

有趣的是这些人在笑气的影响下不会感觉到任何疼痛。

雄心勃勃的美国牙医贺拉斯·韦尔斯（1815—1848）试图在手术中用笑气麻醉病人，结果失败了，后来他疯了，在1848年自杀。这时，他的前任合伙人威廉·特·摩顿——一个假牙厂的厂长，正在使用另一种化学物质——醚做实验。

在一个叫查尔斯·杰克逊的教授的建议下，摩顿先在他的爱犬身上做了试验，然后是在他自己身上。不过，请注意，我并不认为他自己知道自己被麻醉了，但下一次他在病人身上试验的时候——成功了。不过这个故事有个悲惨的结局，醚太便宜太容易得到了，为了赚钱，摩顿说他发明了一种新的东西。

他把醚染成白色，并加了一些香水，这样就没人能认出这是醚了。他把这种东西以极高的价格卖给医生。他以为他会赚上大钱，没想到医生们发现了他的小伎俩，他顿时名誉扫地。

摩顿和杰克逊还在是谁发现醚这个问题上起过争执。有一天，摩顿看到一篇杂志称杰克逊为醚的发现人，他气坏了，得了一场病死了。这时，杰克逊的行为也变得不太正常，在去了一次摩顿的墓地之后，他疯了，被锁起来。

在最近50年里，笑气又流行起来，广泛应用于手术前的麻醉上。

所以我想还是贺拉斯·韦尔斯笑到了最后。

这些故事可能听起来有些混乱，不过等一会儿你就会闻到这些讨厌的恶臭……

最恐怖的气体大战

第四名

氟　有5位科学家曾和这种气体打交道，他们都被毒死了。最后法国科学家亨利·莫桑（1852—1907）成功地研制出了用铂做的设备。铂是极少数氟不能溶蚀的金属之一。

现在，在用于牙膏的氟化物中可以找到少量安全的氟原子，它可以保护牙齿。不过，太多的氟会使你的牙变黑的。

第三名

甲烷　（又称沼气）是从腐烂物质中收集到的可燃气体，点燃时会发出蓝光。从牛或人的粪便中可以收集沼气，沼气燃烧可以用来做饭，这是真的。

第二名

臭氧　它的气体分子是由3个氧原子连在一起的，它们的味道有点儿像刚割下的青草的气味。一个科学家在他的实验室里闻到一股奇怪的气味，后来发现就是臭氧。

臭氧杀菌 呼吸了太多的臭氧也能致死。不过，幸运的是，大多数臭氧都在海拔25千米以上的高空中，是为挡住太阳的有害光线而设置的屏障。

第 一 名（仅对鼻子而言）

氯气 氯气引起的空气污染曾使南极上空的臭氧层破了一个洞，这个洞和爱维斯特山一样深，和整个北美洲一样大，而且这个洞一直在不断扩大。

好几个世纪以来，这种黄绿色的气体一直在制造麻烦，600年前一个炼丹师把氯气溶于水中，还认为这是很好的色拉调味品。他真是大错特错！实际上氯气是一种可怕的毒品。

哦！它变蓝了，是什么味道的？

在第一次世界大战期间，德国科学家弗里兹·哈伯用氯气做成了可怕的战争毒气。

毒气弹的故事

"快点儿给我讲讲吧！"比利请求道。

阿瑟·麦克艾尔索普在冷风中耸了耸肩，摇摇头说："我说过了孩子，这个故事不好听。"

"你说过你会照顾我的。"

"是的，孩子，只要低下头你就没事儿了。"

　　"可是，我想听那个故事，只要它不是太无聊——你还在那儿吗？"

　　一颗流星划过夜空，比利被突然的亮光弄得眨了眨眼，他看起来很年轻——大概只有16岁，这是他第一次离开家，他必须隐瞒他的年龄。

　　阿瑟打了一个手势，并没有说什么，这个小男孩立刻就明白了。

　　"我们已经快到爱普莱斯了，你大概知道在1915年这里发生的战争。那真是安静的一天，4月的天很少会这么温暖，一整天都静悄悄的，当事情发生时我们正在喝茶。"

　　"然后怎么了？"

　　"气体，"阿瑟说，"我们遭遇了气体的攻击，它像黄雾一样扑过来，不过，幸好风把最浓的那部分吹走了，那时候我们还没有防毒面罩。"

　　"你闻到那种气体了吗？"

　　"只有一点点，可是我的嗓子疼得厉害，我不停地咳嗽，不过，我很幸运地活下来了。

　　"那天夜里，下着瓢泼大雨，我们躲在雨布下，四周乱成一片，你根本就听不到你自己的声音，我们没有吃的，也睡不着。等我们出来的时候，无论什么东西都是乱糟糟的，毒气已经把所有的草都变成了黄色，树上也见不到鸟了。

　　"很长时间外面都没有一点声音，真安静啊。如果你仔细听，你还可以听到从敌人的营地里传来的、听不懂的外国佬的叫声，然后是一阵扫射，子弹从耳边'嗖嗖'飞过去。"

　　"阿瑟，你不觉得他们现在在对我们用化学毒气吗？"

　　两个人都使劲地抽了抽鼻子。

　　"比利，没事，他们现在把气体都装在炮弹里面，不爆炸的时候不会漏出来的，如果它爆炸了，你最好赶紧把防毒面罩戴上。"

　　天越来越亮了，阴冷的风吹得防护网哐哐直响，再过一会儿，吃早餐的时间就到了。

　　士兵们听到炮弹在空中呼啸着越飞越近，越来越响，俩人吓得低下了头。

　　一会儿，呼啸声停止了，"砰"的一声，一个弹壳掉进了无人区的烂泥里。

　　比利的脸白了。

　　"化学毒气！"他尖叫起来，"化学毒气！"

　　几秒钟之内，战壕里所有的战士都醒了，他们睡眼惺忪地嘟囔着、诅咒着，戴着防毒面罩闷声地发着牢骚。

　　只有一个人什么也没做，因为最恐怖的化学武器他已经见识过了，他知道将会发生什么。

"别傻了，比利！"阿瑟喊道，"这是一个闷弹，毒气弹的声音不是这样的！"

你肯定不知道！

1. 到第一次世界大战结束时，英国和德国施放了将近123 025吨化学毒气。

2. 第一个防毒面具是用浸过尿的清洁布做的（尿里的水能吸收气体）。

3. 防毒面具吸收的气体最后都附着在木炭层。

4. 1975年巴蒂·莱彼达斯博士根据这种方法发明了吸汗鞋垫。木炭像防毒面具一样把脚臭吸收了。

不过气体不是唯一致命的化学物质，金属也可以成为杀人的工具。

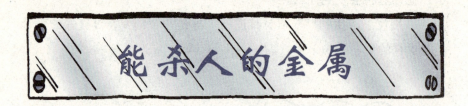

能杀人的金属

　　硬硬的、闪亮的、掉到地上不会弹起来，这是什么？这就是金属。金属可给我们带来了麻烦。但如果没有金属，我们就会没有硬币、没有汽车，更别说计算机了，不过那样也就少了一种杀人的武器了。

金属秘密档案

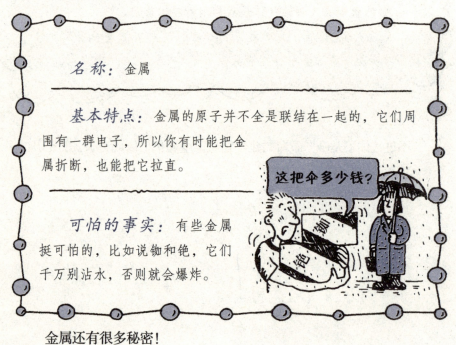

　　名　称：金属

　　基本特点：金属的原子并不全是联结在一起的，它们周围有一群电子，所以你有时能把金属折断，也能把它拉直。

　　可怕的事实：有些金属挺可怕的，比如说铷和铯，它们千万别沾水，否则就会爆炸。

这把伞多少钱？

金属还有很多秘密！

神秘的金属

　　1. 有的金属能漂浮在水中，比如说钠，在没和水反应生成氢气之前就一直浮在水面上。

2. 在常温下，水银是液态的，我们用的体温计里面就有水银。随着温度的升高，水银的体积也会随之增大。不过请注意，当温度达到-38℃时，温度计就冻住了，在俄罗斯，如果你遇到这么冷的天气，就别出门了。

3. 镓很容易熔化，你在手心上放一点，它就会慢慢熔成油脂一样的东西。

4. 钽是一种稀有的灰色金属，可以用来补我们头盖骨上面的洞。

5. 现在铂要比金子贵，但在16世纪，西班牙政府认为铂总是被人拿来做假币，所以就把他们所有的铂全倒到海里去了。

6. 在1800年，威廉·H.沃勒斯顿（1766—1828）发明了一种把铂拉成长丝的方法，因此铂可以做成很多新的形状。这个狡猾的化学家从这个发明中疯狂地攫取利润，并想尽办法隐瞒这种方法的细节。这个秘密在他死后被发现了，而他那时已经不需要钱了。

7. 钛是一种熔点极高的金属，这种性质很适合于做机翼，因为与空气的摩擦会使机翼的温度达到相当高的程度。

8. 科学家也建议用钛做飞机的腿，它们肯定不会在太阳底下被晒弯。

感情丰富的银

银的用途太多了，要找出一种比它还有用的金属还真不容易。猜猜下面哪个广告吹嘘得太厉害了，根本不是真的？

a 关节疼？
吃点纯银丸，保证管用。

b 你的关节总是疲劳？
从现在起戴上这些可爱的银环，为我们的将来投资！

c 出售喷射发动机——里面有纯银的零件。

d 你为无处不在的细菌烦恼吗？
一个银质水瓶可以杀死很多细菌，让水保鲜期更长。

e 可爱的银太阳板，从此，你可以永远住在阳面了。

f 烫伤了很疼的！
试试这些细滑的银软膏，特别好用。

答　案

除了b都是对的。

奇怪的铝

除了银，铝也是一种用途广泛的金属。但以前铝的提取很困难，因此价格也很高。法国国王拿破仑三世为了显示他的富有，用铝做餐具和孩子玩的拨浪鼓。

科学家画廊

查尔斯·M·霍尔（1863—1914）国籍：美国
鲍尔·L·T·哈罗特（1863—1914）国籍：法国
小查尔斯有一次听到他的老师说：

要是找到廉价生产铝的方法，肯定能出名，还能发财。

真的？

因此这个小美国佬开始了他的实验。当然，他的实验工具主要是一个旧柴火炉。

出乎意料的是他居然成功了，方法就是把富含铝的铝土矿在冰晶石中熔化。无独有偶，法国的哈罗特也同时发现了这种方法，他们俩的年龄一样，而且都是在简陋的实验条件下发现的。更神奇的是，他们出生在同一年，居然也死于同一年。铝可能是奇异的，也可能还谈不上最奇异……

和金子一样好

金子，许多人梦寐以求的东西，金皇冠、金首饰、金币。几千年以来，人类一直在为了这种闪光的金属而互相争斗、倾轧，为之流血，甚至牺牲生命。有时他们完全错了……

愚金

马丁·佛罗伯（1537？—1596）可不
是一个蠢人，人们认为这个妙语连珠的约克
郡人是当国王的理想人选——勇敢、久经风
霜、坚强。

1576年，佛罗伯出海寻找一条通过加拿大北部到达亚洲的航线。
他没有找到神话中的航线，但在到处是冰的白佛岛，他有了一个伟大
的发现。

他发现了一块在太阳下闪闪发光的岩石，回到英国后，一个炼
丹师断定这是一块金子。一时间，混乱相继出现，每个人都想分得
一杯羹。

第二年，佛罗伯带着一支庞大船队又回到了这个小岛。这里没有
什么吃的，坚硬的冰山和强劲的寒风随时可以把船撕成碎片。健壮的
北极熊一掌就能杀死一个人。不过这些辛苦和危险都是值得的，在寒
冷的天气中他们用锄头掘回来180吨金矿。

第三年，佛罗伯又率领一群跃跃欲试的探险者乘船回到小岛。这
次这些船队带回去了1180吨闪光的金子——这真是一个让人无法相信
的数字。这是一大笔财富，做梦都想象不出来的荣华富贵，他们简直
可以……

但是事情突然发生了变化。白佛岛根本没有金子。那里只有黄铁矿，一种由铁和硫黄组成的普通的混合物，人们在哪儿都能找到它。一些刻薄的人把它叫作"愚金"，马丁和他的部下也成了人们的笑柄。

你会被黄铁矿所欺骗吗？下面有一些测试，会告诉你是不是真的找到了金子。

做个真正的淘金者

1. 淘 金

在盆里放入水和沙子，慢慢地晃动，仔细把上面的沙子淘掉，任何金子都会以金沙或金块的形式沉在底部。

2. 试 金

在一种叫试金石的黑色岩石上划一下你的金子，如果在上面留下了一条痕迹，那是真的金子。

3. 挖金矿

自己挖金矿很费时间，有些金矿在几千米深的地下，因此除非你能肯定金矿就在你家花园下面，否则不要轻易在自己的花园里开矿。当然，如果你真的在花园里找到含金的岩石，那么下面就看看该怎么把金子从那里开掘出来吧。

拥有金子

1. 你需要花点儿钱买台机器，大概100万英镑就够了。

2. 先把大量的岩石在机器里磨成小块，检查每一块石头，确保你没有把金块扔掉（你不会觉得这是好玩的）。

3. 然后倒在一只有磨球的巨桶里，把岩石磨成粉（这比番茄酱机要快很多）。

4. 把石粉和含有剧毒的氰化物加水混成糊状（千万别在客厅里干这些）。

5. 把泥沙放到桶里，拿掉石头子，找找有没有金子。

6. 加一些锌粉，然后把氰化物从金子中分离出来。

7. 把金子和一种叫硼砂的化学物质混在一起，硼砂会把一些没用的杂质都去掉的。小心地清除这些杂质。

8. 经过进一步加工后，你的金子的纯度可以达到99.6%。是不是很简单？（好像不是。）

提炼金子的方法你已经领教过了，如果你得到了金子，你会用它干什么？不可思议的是，和很多人一样你可能会把它放回地底下——这有银行的功能。这也是为什么世界上有一半的金子都找不到了的原因。

你肯定不知道！

金子入药可以治肺病——肺结核，但它也能毒死病人。对了，金属还有一种性质，你可以称它为谋杀性。

致命的金属毒药

　　铅对人来说有不少危险。16世纪的妇女用白铅粉来搽脸，几年之后，毒素就毁坏了她们的皮肤。皮肤吸收了铅导致血液中毒。但这些妇女并不知道为什么自己的脸越来越难看，只好抹上更多的铅粉来弥补。

第1年　　　第2年　　　　第3年　　　　第4年

　　但世界上最毒的是砷，很多年以前，砷被用来做灭蝇纸，苍蝇粘在纸上最后被砷杀死。不幸的是，很多人也用这种方法来结束自己的生命。

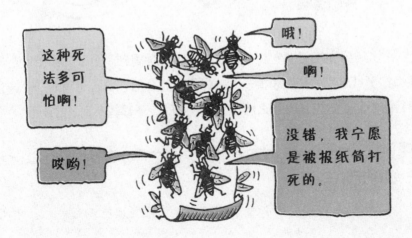

　　不过你要注意，金属并不只是因为有毒才能杀人，金属还能做成很多致命的武器。

致命的金属武器

1. 第一件铁质工具是用从天上掉下来的陨石做的。

2. 在公元前1500年，人们发现了如何在铁矿中提炼铁的方法，但这种金属并不太结实。

3. 如果想让铁变得坚硬，要在加热之前先加进别的金属。在公元前1200年，人们发现加碳也可以起到这种作用。

4. 古时候，士兵们用铜剑打仗，但剑经常在战争中折断。

5. 铁剑更坚硬、更锋利……也更致命些。

这还不是全部，后来还有铁枪、铁炮、铁炮弹。这些让战场上有了更多的嘈杂声、更多的血迹。不过奇怪的是，血里也有铁。

你肯定不知道！

你的血液里也有金属！意大利科学家温塞佐·曼奇尼（1704—1759）发现了这个重要的事实。他在狗食里加了一些铁末，目的是为了找到铁的流经路线，结果要了小狗的性命。血细胞中的铁会吸引氧原子，保证血液循环中始终有氧。一些蜘蛛的血里含的是铜，它的作用和铁一样，只是它们的血是蓝色的。

好奇怪的表达方式

啊！氢氧化铁，又是$Fe_2O_3H_2O$！

世界末日要到了吧？

不，只不过是她的车生锈了。

腐蚀反应

铁跟氧原子结合以后会产生锈。锈就是铁原子和氧原子的结合体，在水和盐的作用下，生锈的速度会更快，所以海上的船大都锈得很厉害。

生锈只不过是众多腐蚀反应中的一种罢了。

锈就是铁原子和氧原子的结合体，水和盐会加快这个过程。

闭嘴！快过来舀水，你这懒家伙！

生锈和腐烂有什么共同之处吗？它们都是一种化学反应，那么化学反应到底是什么？

化学反应档案

名 称：化学反应

基本特征：化学反应是指原子之间结合在一起或结合在一起的原子分开产生新的化学物质的过程。

可怕的事实：氧所引起的腐蚀反应可不仅仅是生锈这么一件事，黄油或人造黄油和氧接触超过一定时间，它们就变得又酸又臭！那种味道保证让你笑不出来。

唉！
呸！

快速反应

　　在通常情况下，当一种原子和其他原子靠近时它们反而会弹开，但如果它们碰撞的速度过快，它们就有可能粘在一起。外层电子决定接下来会发生什么……

　　有时原子会和蔼地把电子给别的原子。

　　如果是这样，电引力就会把原子粘在一起，就像铁和磁铁一样。这是一种离子之间的结合，在盐和其他矿物质中更普遍。

　　有时，原子之间共享电子，这些电子同时在两个原子之间转，像这样的原子结合称为共价键结合。

　　这些键趋向于在非金属（如气体或液体）之间发生。有了这两种键，新的化学物质就产生了。

你肯定不知道！

原子结合到一起构成了所谓的化合物。在1930年大概有100万种已知的化合物，而现在已经超过1000万种了。现在的化学家可以通过计算机程序来显示一旦原子结合后将形成什么样的化学物质。

可预测的反应

原子在碰撞之后结合成一体，听起来有点儿像没头没脑的撞击，好像并不知道哪个和哪个会结合在一起。实际上可不是这么回事。你还记得门捷列夫在"混乱的元素"中所玩的游戏吗？感谢门捷列夫的元素周期表，有了它，科学家可以预测出在原子之间会发生什么事情。这并不复杂，元素的原子间发生反应完全取决于它们的外层电子数，如果你对此持反对态度，下面的测试就不要做了。

腐化反应小测试

下面的原子是你要在小测试中用到的：

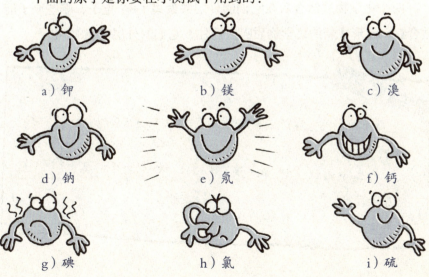

a）钾　　　　　　b）镁　　　　　　c）溴

d）钠　　　　　　e）氖　　　　　　f）钙

g）碘　　　　　　h）氯　　　　　　i）硫

第一个小测试

每个原子都有多少个外层电子？根据下面的提示写出上面各元素的外层电子数。

提示：

1. 硫有6个电子——是钙的3倍，但它们之间完全可以组成一个新的化合物。

2. 氖的电子数和硫、钙的电子总数一样。

3. 镁的电子数是钾和钠的2倍。

4. 钠和氯可以形成一种叫氯化钠的化合物，就是咱们吃的盐。

5. 但钠的电子数只有钙的一半。

6. 溴和碘的原子都比氖的电子数要少一个。

哼！我的电子数只有你的一半。

不过，它的电子数可是咱们总和的2倍呀！

第二个小测试

两个化学物质结合后在它们的外层共聚集了8个电子，哪些原子能结合在一起形成新的化学物质呢？记住，它们的外层需要8个电子。

答案

第一个测试：a）1，b）2，c）7，d）1，e）8，f）2，g）7，h）7，i）6。

第二个测试：钾/钠＋溴/碘/氯；镁/钙＋硫；氖不能和任何原子结合。

好奇怪的表达方式

> 我的 $Cu+AgNO_3$ 又没变成 $Cu(NO_3)_2Ag$！

这有危险吗？

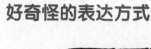

答案

没危险，只不过是他的照片没洗出来罢了！

拍一张照片！

你可能觉得化学反应离我们的生活很远，你和这些反应没关系。实际可不是这样。举个例子说，你照相的时候还需要一次化学反应才能得到相片呢！

1. 第一张相纸是用感光度高的氯化银纸做的。光的能量引起的化学反应把氯化银变成黑色。

2. 浅颜色在底片上是暗色，而深颜色显示的是亮色。

3. 照相时，你必须静静地坐着等化学反应的发生。在这期间你不得不一直保持僵硬的微笑。

> 时间是不是过得很快？坐着别动，只需要一个小时，我先去吃午饭。

4. 麻烦的是，相纸上的化学物质会和光发生反应，所以你必须避开光在暗室里看你的照片。

5. 后来，一种可以把氯化银从相片中拿走的化学物质被发现了，等待的问题被解决了。

6. 现在的黑白相纸上涂有快速感光的氯化银盐，这样你就可以拍连续的动作照片了。

7. 有些盐的感光度很高，你甚至可以在只有蜡烛般微弱的光线条件下进行拍照。

电解反应

一种非常有用的化学反应是电解反应，是由科学界的超级明星米切尔·法拉第发现的。

科学家画廊

米切尔·法拉第（1791—1867）国籍：英国

法拉第的童年很艰苦，他家境贫穷，有时候需要别人接济一些面包来帮助他们。

他买不起书，但在一个书店老板那儿打工时对科学产生了浓厚的兴趣。他请求汉弗莱·戴维收他做助手。他很幸运，在一次特别危险的实验中戴维眼睛暂时失明了，需要人帮助，法拉第得到了这份工作。

法拉第用不同的化学物质研究了电解过程，先把化合物和碘用水

混合起来，在溶液中通入电，原子被拉到了电极的两端，化学物质被分解开了。

你肯定不知道!

电解反应的一个重要应用是电镀。被分解的化合物中含有金属，这层金属就会在被镀物体上形成薄薄的一层，镀银的首饰就是这样做出来的。1891年，可恶的法国外科医生华伦特用这种方法给一具尸体镀了一层金属。最后整个尸体被包了一层1毫米厚的铜，他居然把这个可怕的东西拿去展览，你想吧，引起了多大轰动!

快速反应和缓慢反应

有的反应1秒钟就结束了，有的要花几百万年。不过化学家们感到高兴的是，大多数反应在加热后会加快反应速度。加热会使原子的运动加快，它们之间的碰撞也更频繁。同时，也可以通过冷却来减缓反应。这就是冰箱的工作原理，食品在低温下不容易发生反应，也就不易变质了。

你敢……试试用一个化学反应阻止另一个化学反应吗?

你需要准备：

▶ 一个削成块的苹果
▶ 一些柠檬汁

你需要做：

1. 把几块苹果放在外面，几个小时后它们的表面变成了咖啡色。

这是苹果里的化学物质和空气中的氧气发生化学反应的结果，就像生锈一样，它已经开始腐烂了。

2. 在一块苹果上滴一些柠檬汁，看看发生了什么?

a）苹果变黑了。

b）苹果跟原先的一样。

c）苹果化成了水。

别碰我的实验用品。

哎哟!

烂苹果

答案

b）柠檬汁中的酸和苹果中的金属原子发生反应，这些金属原子本是加快其他反应的催化剂。

但酸也有讨厌的一面，下一章我们会做具体介绍。

酸滴进去了?

讨厌的 酸

它们藏在柠檬、醋、茶叶甚至是电池里，有一些可以杀死或破坏其他物质的分子。它们能做的事情都挺吓人，你能面对这个事实吗？

酸的档案

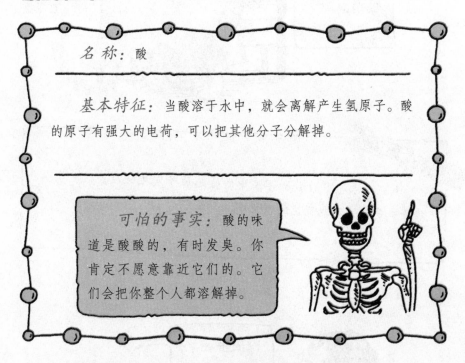

名　称：酸

基本特征：当酸溶于水中，就会离解产生氢原子。酸的原子有强大的电荷，可以把其他分子分解掉。

可怕的事实：酸的味道是酸酸的，有时发臭。你肯定不愿意靠近它们的。它们会把你整个人都溶解掉。

但不是每种酸都那么吓人，有时它们也很有用……

酸的用处

1. 乳酸是生成蛋白质所必需的，人身体的大部分都是由蛋白质构成的。

2. 抗坏血酸是维生素C的另一种叫法。新鲜的水果里含有这种化学物质，它可以防范绝症——坏血病。

这种重要的维生素是由两个化学家分别发现的，他们在干完这件事之后把所剩的精力都用来争论到底是谁第一个发现这种维生素的了。

3. 你喜不喜欢橘子汁或柠檬汁的味道？那就是酸，柠檬酸就是那种味道。

4. 海藻酸是在海草里发现的，它能让蛋糕保持湿润，还可以止血。冰激凌里面也有海藻酸，它可以防止冰激凌融化。你可以告诉你的朋友冰激凌原来是用海草做的，肯定会吓他们一跳。

5. 水杨酸是阿斯匹林的原料之一，这种最普及的止痛药就是一种酸。这种酸最开始是在柳树皮里发现的，人们咀嚼树皮来达到止痛的目的，你千万别去试啊，味道一点儿也不好。

6. 还有一些非常有用的酸曾被用来鞣制皮革。从橡树果子或有毒的铁杉中提炼出来的鞣酸可以杀死使皮革腐烂的细菌。在树皮或茶里面也含有这种酸，不过它们对人没有伤害，也没什么好处。

可怕的酸雨

　　古希腊的卫城、伦敦的圣保罗大教堂和华盛顿的林肯纪念馆有什么共同之处？它们都正在被雨水所侵蚀。工业和交通产生了大量的二氧化硫气体，这些东西使雨变成了酸性的。1974年，苏格兰下了一场和柠檬汁一样的酸雨，又酸又苦。

　　火山爆发把事情弄得更糟。1982年墨西哥爆发的一座火山喷出成千上万吨酸气。

　　酸雨侵蚀着新房子和老房子，你的学校也可能很危险噢。

　　酸雨还会杀死大量的树木。

　　鱼也遭了殃，它们不能长大，酸甚至把它们的骨头都融化掉了。

　　酸雨还不能融化人类，不过有意思的是，它能把你的头发变成绿色的。酸和水管中的铜发生反应形成硫化铜，能让水的颜色发生变化。

好奇怪的表达方式

他们怎么了?

答案

他们的土豆条没有放醋!

你敢……亲自试试一些简单的溶液吗?

1. 融化骨头

你需要准备:

▶ 1块没有裂缝的硬骨头,不用太麻烦,1根鸡骨头足矣

▶ 醋

你需要做:

用醋把骨头泡12个小时。

看看骨头怎么了？

a）变绿了。

b）变软了。

c）只有原先的一半大了。

b）骨头里的钙被醋里的酸融化了。

2. 酸的秘密

你需要准备：

▶ 15滴柠檬汁

▶ 1杯牛奶

你需要做：

把以上两种东西混在一起，搅拌均匀。接下来发生了什么？

a）牛奶变成了奶蓝色。

b）牛奶里释放出一股不好闻的味道。

c）牛奶结块了。

c）牛奶结块是因为柠檬汁里面的酸使牛奶变性了。

3. 瓶装鸡蛋

你需要准备：

▶ 1个新鲜的鸡蛋

▶ 一些醋

▶ 1个杯子

▶ 1个大口瓶

你是怎么装进去的？

你需要做：

1. 把鸡蛋在醋里浸泡2天，鸡蛋和原来没什么两样，只是鸡蛋壳变得又薄又软。

2. 把鸡蛋挤到大口瓶里面，让你的朋友猜猜你是怎么把鸡蛋放进去的。

答案

醋里的酸把鸡蛋壳中的钙溶解了。

你肯定不知道！

人的胃里面也有酸，这个事实是威廉·卜罗特（1785—1850）在1823年发现的。盐酸可以杀死细菌并把食物融化掉。那它怎么没有把人融化掉？当然有，比如人患胃溃疡的时候。黏糊糊的胃壁一般来说会起到保护作用，阻止这种事的发生，但当胃酸分泌太多的时候，就可能出问题了。

奇怪的硫酸

硫酸呈油状，无色，会把别的东西烧成像烂泥一样，但它跟学校的午餐一点儿关系也没有。这种硫酸是一种腐蚀力很强的化学物质，在用之前都要用水先稀释一下。

那为什么又要费那么大力气制造硫酸呢？当然是因为它有用。它是生产化肥的原料之一；如果在造纸的过程中加点硫酸，纸就成透明的了；它还可以冲洗厕所。不用担心，硫酸很快就会被冲走，不然你坐着的时候肯定会不舒服的。硫酸的用处还有很多……

酸性测试

用石蕊试纸可以测试酸度。如果溶液是酸性的，试纸就变成红色。但在1949年，使用酸性测试却是为了辨明真假，来判断谁是凶手！

1949年，商人约翰·海被指控犯谋杀罪，他用了一种很可怕的方式——把硫酸倒在受害人的身上销毁了尸体。他什么证据也没留下，那时他是这么说的：

但海错了，硫酸并没有销毁全部证据，还是有一些蛛丝马迹留下来——一副完整的假牙，这很快被受害者的牙医确认了。

海最后承认，他用这种方法处理了5具尸体。判刑时，法官用了18分钟就给出了判决意见，约翰·海被判处了死刑。

可怕的酸毒

1. 大黄的叶子里含有草酸，这种酸可以毒死吃它的毛毛虫，不过大黄茎上的毒素要少得多，咀嚼的时候就能被破坏掉。

我没胃口了！

2. 蜜蜂的针里含有酸，所以它能伤人，你可以用小苏打中和这种酸，因为小苏打是碱性的。

3. 但把碱涂在被黄蜂蜇过的地方会更疼，因为黄蜂的毒素是碱性的，不是酸性的。如果你想了解更多碱的情况，你需要一些基本的常识。

碱的档案

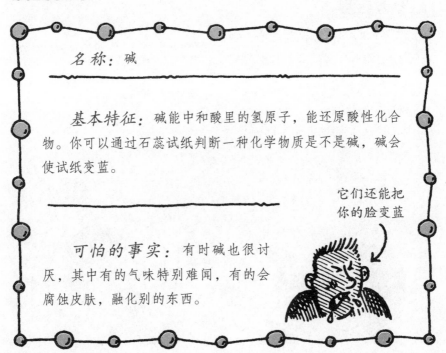

名称：碱

基本特征：碱能中和酸里的氢原子，能还原酸性化合物。你可以通过石蕊试纸判断一种化学物质是不是碱，碱会使试纸变蓝。

它们还能把你的脸变蓝

可怕的事实：有时碱也很讨厌，其中有的气味特别难闻，有的会腐蚀皮肤，融化别的东西。

你肯定不知道！

　　1.你可以用碱做一个钟，当我们加热氨时，它分子里面的氮原子以固定的频率振动。有意思的是，1948年，科学家利用这种固定的"振动"来判断时间。

　　2.你还可以用花来测试酸性或碱性。如果泥土是碱性的，绣球花就会开白花，如果是酸性的，就会开蓝花。

你敢……发现果冻的秘密吗？

你需要准备：

▶ 50克柠檬酸晶体（可以在化学商店买到）

▶ 25克小苏打

▶ 175克冰糖

你需要做：

把所有的原料全混在一起。

放点到你的嘴里，有什么感觉？

a）舌头变紫了。

b）舌头开始融化。

c）舌头上似乎发出"嘶嘶"声。

c）柠檬汁中的酸和碱性的小苏打反应后会产生二氧化碳气体。如果你在饮料里加一些果冻，味道会和汽水差不多。

盐的秘密

把酸和碱混合发生反应时会生成盐。这里的盐不仅仅是厨房里放到烧鸡上的盐。如果你仔细看看这些盐，你会发现它们其实是由很多微小的晶粒组成的，是许多晶体的集合体。

真是这样！

重要的晶体

去问问你的老师：金属、钻石、骨头和计算机芯片有什么共同之处？

它们都含有晶体，其中有些很重要。

晶体的发现

1781年，瑞杰斯特·郝耶把一块方解石掉在了地上，它摔成了许多一模一样的小方解石。他觉得很奇怪，就用锤子把那些小方解石又砸碎了，结果得到了更小的方解石，而且还是同一种形状。他看到的正是晶体。

晶体的档案

名　称： 晶体

基本特征： 能引起疾病的病毒可以做成晶体。有意思的是只要它们进入活的生物中，它们又活了。

不要发出那种声音！

可怕的事实： 晶体是像一堆堆盒子一样排列的原子的集合体，这些"盒子"互相配合得非常好，即使再大也有相同的形状。

活的生物

一种病毒晶体的发现

这是由威得尔·M·斯坦利（1904—1971）发现的。他给一些叶子注射了烟草花叶病病毒，然后再把已经干了的叶子弄碎，发现这些病毒已经变成了针状的晶体了。

你肯定不知道！

我们吃的盐是由晶体组成的，在显微镜下，会发现它们是由一个个的小"盒子"堆积而成。

盐的秘密

1. 盐里含有钠元素和氯元素。这两种元素都有毒，但奇怪的是它们的化合物不仅没毒，而且对你的健康有好处。

2. 在中世纪，人们用盐水给婴儿洗澡，据说这可以带来好运。

3. 在法国，一种不常见的盐税在镇压法国大革命中起了不小的作用，上千人被处死了。

4. 在亚洲的一些国家，盐成了一个灾难性问题。一些沼泽地的水干了之后，盐留在泥土中，非常不利于植物的生长。

5. 但在死海，这种情况根本不算什么。这个内陆湖是世界上含盐最多的湖泊，盐的含量是如此之高，根本就没有鱼能在这里生存。

晶体用途小测验

晶体的作用很多，其中有些事简直是太不可思议了，你想想下面哪些是真的？

1. 飞往金星的宇宙飞船的玻璃是用钻石做的。

2. 钻石可以做护眼罩的镜片。

3. 红宝石一直被用来做激光器。

4. 有的医院用晶体来杀死细菌。

5. 科学家正在研究开发晶体原子里的能量来做宇宙飞行的能源。

6. 早期的收音机就使用了晶体。

答案

1. 对。因为钻石在地球的大气摩擦下不容易升温。

2. 错。

3. 对。晶体里的原子吸收能量，以一束光的形式释放出来。

4. 错。

5. 错。

6. 对。晶体用来控制收音机里的电流大小。

你肯定不知道！

宝石中颜色的变化和它含有其他的微量化学元素有关。比如说，少量的铬会使晶体的颜色呈乳白色，再多一些就成了红色了。大多数钻石都不含其他化学元素，所以它们都是透明无色的。

神奇的钻石

1. 钻石是由碳元素构成的。在250千米的地下，高温和高压使原子结合形成了鸟笼的形状。

2．钻石很硬，唯一能切割它们的是……另一种钻石。所以钻石是一种很理想的切割材料。在牙医的牙钻上就有钻石，你敢看吗？

3．火山爆发可以产生宝石。所以有时在火山岩下可以找到钻石矿。

4．是拉瓦锡发现钻石是由碳组成的。他用一块巨大的放大镜把太阳的热量集中到钻石上。突然钻石没了，他闻到二氧化碳的气味。这是从钻石中发出来的。

5．科学家相信，天王星和海王星的15%是由钻石构成的。如果你能想办法到那上面去，你就会变成太阳系里最富有的人。

6．钻石神秘莫测，许多的钻石神话也随之而来。钻石也因为它带来的不幸而被人诅咒。下面就是关于钻石的一个著名的故事。

致命的钻石

有一块很大的蓝钻石——美丽华贵，举世无双。

没有人知道它的来历，有传言说，这是印度神王的一只眼睛，是从一个寺院中偷来的，而且它已经被诅咒了。

它被法国国王购得，送给皇后玛利·安东妮。1793年，她被处死，这个无价之宝也被偷走了。

　　1830年，这块钻石在伦敦的一次拍卖会上出现，被银行家亨利·霍普买去，但最后霍普破产了，身无分文地死去。

　　一个年轻的王子为他的恋人买了这颗钻石，结果后来他把她杀了。

　　一个土耳其国王在得到这块钻石几周后，就不得不放弃自己的王位。

　　一个富有的希腊人买了这块钻石后，不久就在一次旅行中开车坠下悬崖，摔死了。

　　下一个主人是一个美国的亿万富婆，她把钻石镶在项链上。没几天，她的丈夫发疯了，她的两个孩子在一次车祸中双双遇难。

　　再后来的主人明智地把这串项链赠给了博物馆。故事到这里本该结束了。

　　但在1962年，这个博物馆的馆长带着这颗钻石到巴黎展览……钻石就放在他的口袋里。飞机着陆后4个小时，他的车就卷入一次车祸中，这个馆长倒没什么事，但他再也找不到这颗钻石了。

　　需要提到的是，钻石带来的灾难可不只是这类情况。

致命的一切

南非　1905年1月26日　普瑞米钻石矿

　　弗瑞得里克·威尔斯简直不敢相信他的眼睛，镶嵌在墙上的竟是一块价值连城的钻石。那块巨大的钻石重约500克——和人的拳头差不多大。几分钟以前，就是这个惊呆了的矿主用他的削笔刀稀里糊涂地挖出了这颗钻石。

这是迄今为止最大的钻石，他应该属于最尊贵的人。因此，政府花75万美元买下了这颗钻石，送给英国国王爱德华七世作为他的生日礼物。

钻石需要切剖才能显露出它的美丽，所以这块石头需要被击碎，需要仔细地切割、打磨和加工。

因此，这块钻石被送到阿姆斯特丹最有名的钻石加工师J．阿斯特那儿去了。阿斯特仔细地研究了好几个月，想出了切割的方法，如果他是对的，这块钻石将会成为无价之宝，如果他错了，钻石将会成为无用的碎片。这样的话，国王将失去宝石，阿斯特将失去一切，他的生意就会完蛋，因为没人会再信任他了，他会被人当作一个大笑料，被人嘲笑。

阿斯特战战兢兢地把这块钻石放在垫板上，做了一个小小的记号，希望这是正确的地方。他拿凿子耐心地在记号处找准角度，汗珠从他的额头上流下来，当他拿起锤子的时候，他的手禁不住在颤动，一切将在瞬间决定……

钻石会碎吗？还是会完美地裂开？接下来的一刻让阿斯特永生难忘……

他用力砸了下去。

铁凿子碎了。

钻石太硬了。阿斯特被送进了医院，他像疯子一样傻笑，他的精神崩溃了，尽管钻石好好儿的。

为了对付这块无价之宝，阿斯特被折磨得苍老不少，几周的治疗后，阿斯特觉得身体已经恢复得差不多了，他决定再试一试。这个恐怖的黎明终于到来了，不过，这次有一个医生在旁边，可以随时提供帮助。

阿斯特闭上眼睛，咬了咬牙，用被汗水浸湿的手抓起凿子。

砰的一声……

　　钻石完美地裂开了，阿斯特也躺在了地上，他晕过去了。

　　这块大钻石被切成了105颗美丽的钻石，每一颗都价值几百万。其中有两颗镶在了英国国王的皇冠上，最好、最精致的一颗是非洲之星，它象征着伟大的王权。

DIY钻石

　　很多化学家都想造出人造钻石，但随之而来的却是一片混乱。比如说，苏格兰人汉纳1880年在实验室用铁管加热碳时被炸死了。

　　亨利·莫森是氟的发现者，他知道钻石有时可以在陨石中发现，所以他决定自己造一颗流星。他把一块铁在碳中熔化了，但哪有钻石的影子？

　　不过，科学家最后还是找到了好的方法，当把大理石在高压下加热到1500℃时，大量的微小钻石晶粒就会出现，不过就算是一小块钻石，至少也要花费一个星期。

你敢……亲自做个晶体吗?

你需要准备:

▶ 1个大烧杯

▶ 盐和温水

▶ 食用色素

你需要做:

1. 把盐和水在烧杯里混合搅拌至溶解;

2. 加入食用色素;

3. 把混合物放置在温暖、有太阳的地方大约2天,拿回来,看看有什么反应?

发生什么了?

a)你在烧杯里发现了无价的宝石。

我终于弄清楚答案了。

b)混合物的水分蒸发干了,出现有颜色的晶体。

c)你用汤匙可以从烧杯里拿出一些发光的块状物体。

答案

　　b)水分子被蒸发了,盐分子从食用色素中吸取颜色结晶,成为有颜色的晶体。

你肯定不知道!

"别克敏斯特·富勒斯"是1985年发现的一种碳结构的名称,它是一种足球形的中空的晶体,它们以理查德·别克敏斯特·富勒斯(1895—1983)——一个为工厂和展览厅设计圆顶的美国的建筑师的名字命名的。"别克敏斯特·富勒斯"有点儿绕口(不是有点儿,是非常),所以科学家把这种球简称为别克球(富勒斯球)。听起来又短又新奇——尽管实际不是。它们只是些煤烟灰。

提醒你一下,下一章里就会有很多四处飘荡的煤烟灰了,都是爆炸和燃烧(着火的学名)造成的。

爆炸 和 燃烧

　　爆炸和燃烧也都不算什么，这些只不过是有点超出控制的化学反应而已。好几个世纪以来，人们发现爆炸和燃烧还是相当有用的。读一读下面这个关于爆炸的故事吧。

一个燃烧的主题

　　几千年前，人类有了最重要的发明——火。如果没有火，食堂的饭大概更没人吃了——只有生菜和生肉，也不会有暖气和电，因为这都是由煤或油的燃烧而形成的能量，更不会有金属，因为金属无法熔化。而且学校肯定是泥房子，没有火，哪儿来的砖和玻璃呀。

燃烧的档案

　　名　称：燃烧

　　基本特征：燃烧是氧气和其他化学物质结合产生热和光的反应。

　　可怕的事实：人的身体也可以成为灰，只是需要大量的能量和几百度的高温。

没问题！

135

好奇怪的表达方式

到底发生了什么？

你脸部的毛发正在进行一种发光发热的气体反应。

答案

他的胡子着火了！

你肯定不知道！

1. 有了空气，火才能发光发热。

2. 火焰释放出热能和光能，烛光的黄色部分是由蜡烛中不燃烧的部分形成的。

3. 如果有足够的氧气和气体燃烧，它的火焰会比较明亮，而且也不会留下碳。

你敢……发现柠檬燃烧的秘密吗？

你需要准备：

▶ 半个柠檬

▶ 1个杯子

▶ 纸

▶ 1支空的自来水笔

你需要做：

1. 在杯子里挤一些柠檬汁；

2. 把笔管洗干净，甩干；

3. 用笔吸点柠檬汁，在纸上写几个字；

4. 把纸放在电热器前面，你写的字就能看得一清二楚了。

发生了什么？

a）热量使纸变白，所以能看清字。

b）热量使纸变黑，所以能看清字。

c）热量使柠檬汁变黑，所以能看清字。

答案

c）柠檬的燃点比纸的燃点低。这个秘密对于传送你自己的秘密文件很有用。

吓人的磷

磷很容易燃烧，好几个世纪以来，医生居然一直把这种有毒的化学物质当作药。这些医生认为这肯定对你有好处，因为它在黑暗中能燃烧。一个发明家还因此发明了磷做的火柴。

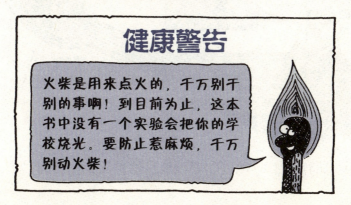

健康警告

火柴是用来点火的，千万别干别的事啊！到目前为止，这本书中没有一个实验会把你的学校烧光。要防止惹麻烦，千万别动火柴！

点火

　　1826年，英国化学家约翰·沃克用一个木棍搅拌碳酸钾和锑。当他在石头上划了一下木棍想去掉棍子上的残留物时，木棍突然着火了。约翰就这样发明了火柴。

　　约翰决定卖掉他的发明，挣一笔钱。那时人们都是用小盒子装燧石和铁，碰击后产生火花点燃牛粪，现在每个人都使用火柴了。

　　这种新火柴也很危险，如果空气干燥，火柴就会自燃。它们在人们的口袋里着火时还会放出有毒的气体，一些人常常被烧着手指头。

　　但是还有比这更可怕的，磷慢慢毒死了那些做火柴的女孩。磷通

过蛀牙进入身体会引起一种可怕的骨病，叫"磷毒性颌骨坏死"。

后来这些危害越来越严重，一些社会学家呼吁停止火柴的生产。1888年，工人为此罢工，但直到1912年，人们还在使用它。

我们现在用的是"安全火柴"。它在19世纪40年代就已经发明出来了。火柴最主要的两种化学物质——火柴头上的碳酸钾和火柴皮上的磷被分开，如果不用火柴头划擦火柴皮，火柴是安全的。但早期的安全火柴也不尽安全，有时也容易自爆。

现在英国每年要用1000亿包火柴，相当于7万棵树的木料。

疯狂的机器——自燃火柴

19世纪，一个法国的科学家制造了一种倒钟式的盒子，它可以算做是一个节省木材的发明。

当你把火柴从盒子里拿出来时，盒子里面的化学物质会使火柴产生火焰，当把火柴放回盒子，火焰便自动熄灭，是不是很精彩？

只是你得先看看哪儿能用得上它!

火柴从钟的上面拿出来

哎哟!

爆炸的档案

名　称：爆炸

基本特征：

爆炸不过是燃烧罢了。

1. "小爆炸"是一种快速的燃烧，产生很多气体，这些气体向外喷发，引起爆炸。

2. "大爆炸"是利用化学反应使燃烧更快。

砰!

可怕的事实：爆炸能把人炸死，不过，大多数爆炸引起的伤亡是由炸飞的东西引起的，而不是爆炸本身。

你肯定不知道！

　　甲烷会使煤矿发生爆炸。矿工在黑暗中靠蜡烛来照亮，不过由此引起的伤亡的例子也不少。但有一个叫汉弗莱·戴维的人，他使这种爆炸减少了。

科学家画廊

汉弗莱·戴维（1778—1829）国籍：英国

汉弗莱·戴维在学校里时……

我平时没太用功读书，我把时间都用在思考问题上了。

　　希望这句话能引起更多老师的思考。事实上，戴维自学了科学，没有老师教他，但他学得很好，从开始读第一本化学书算起，5年内，他成了皇家学院的一名教授。

　　1815年，他去纽卡斯尔考察煤矿的爆炸问题，在研究了气体的样本之后，他发现爆炸的原因是由于火焰过热。因此他设计了一种灯。

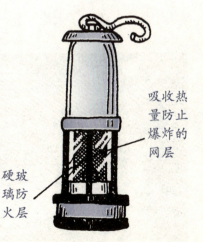

吸收热量防止爆炸的网层

硬玻璃防火层

矿工越来越安全了，不过士兵的生命却越来越危险。

火药的历史

1. 在7世纪，中国的炼丹术士发明了用硫、硝石和木炭做火药的方法。

2. 硝石可以在腐烂了的猪粪中找到。早期的火药商把恶心的猪粪煮熟后，让其冷却结晶出硝石。

3. 然后再把晶体从其他废物中分离出来。

4. 中国人把他们的秘密保守了将近6个世纪，后来还是让欧洲人偷去了配方，发明了大炮。

随后又发明了能射穿盔甲的火枪。

然后是能炸掉城墙的炸弹。

5. 战争和以前不一样了。火药的介入让战场硝烟弥漫。

143

6. 现在火药只能在烟花和爆竹中找到了。

这个东西真好玩，是什么，乔治？

是烟花呀。

你肯定不知道!

　　还有一种炸药是在一次混乱的化学实验后发现的。克里斯廷·斯可宾（1799—1868）在厨房做实验时把一瓶硝石粉和硫酸打碎了，他顺手用他妻子的围裙擦干净。为了避免和妻子吵架，他把她的围裙拿出去晒，围裙干了之后突然爆炸了。斯可宾就这样发现了硝基纤维素——世界上第一种会爆炸的纤维。

爆 炸

　　1. 圣诞节放的爆竹是由雷酸汞引起的。1800年，发明者在一次演讲中放爆竹炫耀自己，结果被炸伤了。不过，现在的爆竹中只有很少的雷酸汞，它只会带来"砰"的一声。

　　2. 另一种炸药是TNT，还有一个名字叫三硝基甲苯。一个TNT分子产生的气体要比它自己的体积大1000倍。点着它的时候你可能会有点害怕，不过，提醒你一下，像这样的爆炸绝不是震惊一下那么简单。

　　3. 有趣的是，1千克黄油的原子之间储存的能量和1千克TNT的能量一样多，但黄油的味道要比TNT好得多，而且它也没有爆炸的危险。

炸药的发明者

炸药是由瑞典发明家阿尔弗莱德·诺贝尔发明的。这种爆炸性的能量来自于斯可宾用过的甘油和酸的油性混合物——硝化甘油。由于炸药的发明，他成了世界上最富有的人，但阿尔弗莱德·诺贝尔的生活并没有太多快乐，一种深深的犯罪感折磨着他。从他的日记里，也许你能看出点什么。

1865

亲爱的戴雷：

　　这一切我都不能在右了，炸药是奇妙的、是迷人的、是有意思的，我从未害怕过它。但现在我发现它们是如此危险，如此恐怖……说到致命，又一家工厂爆炸了。

　　我所有的工作都被破坏了。而且，最可怕的是，我的兄弟死了，这都是炸药造的孽呀！它们是凶手，我现在再也看不到我的哥哥了，再也不能和他说话了。

　　我不会再去碰炸药，假如爸爸当初让我在他的矿里干活的话，我从未想过要和这些讨厌的硝化甘油打交道。

　　不，不能就这样！不能让事情就这样结束！我要忘记化学给我带来的一切快乐，爆炸声、烟花、炫目的光……因为这太危险了。但它又是如此的迷人，也许每天我可以只做一点点，我可以发现炸药的优点，也许有一天我的炸药不再有害，不再危险，是一种安全的炸药……是的，我能，这就是我要做的！

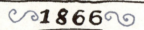

1866

　　我太聪明了。我已经成功了，我发明了安全炸药，它能使我们的世界更美好。它可以在煤矿中使用，或者其他任何地方。最妙的是即使你用力扔它，它也不会爆炸。道理其实很简单，我只是在讨厌的硝化甘油里混了些硅藻土。

就是这样，硅藻土吸收了硝化甘油里的化学物质，然后你点燃它，它就会爆炸。

~*1895*~

我

灾难！我用我美好的一生发明的东西已经走了样，完全失去了控制，它让我比梦想的还要富有，但如果我的发明只是为了用于战争武器，钱还有什么用？我真希望我没有这项发明，我是想流芳百世的啊，不想遗臭万年。

但如果我做得不对，我想肯定有别人可以做对。我要用我的财产成立一个特殊基金会，每年专门奖励那些为科学、为艺术……为和平造福的人，这样是不是能为世界的美好做点贡献？

但化学物质真的能让世界更美好吗？

147

化学也疯狂

化学物质会引起很多麻烦——如果我们不好好处理的话。比如它们会在错误的时候爆炸，再比如，任由它们在自然界中游荡而不管它对环境的危害，那我们不是在制造一场混乱的化学灾难吗？一场由发明带来的混乱？

同以前一样，头版新闻上总是有坏消息（你也许没注意到，还一直盼着有很多重要的新发明出现呢）。

灾难！灾难！！灾难！！！

1979年12月11日午夜，106节装着危险化学物质的火车在加拿大安大略湖的密西西加翻车了。

一节车厢有89吨氯，11吨易燃的丙烷气体。

目击证人描述了大火熊熊燃烧无法控制的混乱局面。一节车厢当场爆炸，而另一节飞到了750米外的地方。

因为氯气车厢已经开始往外泄漏剧毒的气体，

25万人被迫离开了家园。在场的消防人员正在争分夺秒地堵塞泄漏，气体的外泄已成事实，该地区已置于危险之中。同时，被撤离的人员焦急地等待着可以重返家园的消息。

不过幸运的是，在这次事故中，第一次爆炸把氯气冲到了高空中，它们在附近的城市散开，爆炸发生地不再有任何危险，但专家们需要几天的时间证实空气中没有危险。别的事故就没这么幸运了，尽管有严格的化学工业安全标准，但事故还是接二连三地发生。1984年，在印度的布泊尔，化工厂的一次爆炸引起的有毒气体云杀死了两千多人，而且还有更坏的消息……

一种黏糊糊的东西——石油

想象一下原油——古代动物和植物的尸体在地底下腐烂了几百万年后形成的东西。又黏又稠又黑，量又多，人们冒着生命的危险想得到它。为此他们在海洋底下钻洞，到荒芜的沙漠去探险……

为什么会这么干呢？因为石油太有用了，你可以用它做汽油、做铺马路的沥青，还可以做塑料的原料。

和很多化学物质一样，石油在摆脱人类控制之后也会引起混乱。油从地底下冒出来，把金色的沙滩变成黑色的、黏糊糊的废地。汽车尾气污染也引起一大堆问题。

如果是这样，社会怎么发展呢？

20世纪……

烟煤造成的污染使城市笼罩在烟雾中。1950年，英国政府下令禁止使用烟煤。

20世纪……

汽车尾气排放引起的污染给城市带来了大量的烟雾。你认为我们应该怎么做？

好消息

尽管有时化学看起来很混乱，但它也很富有创造性。化学家的创造性思维能把大多数人美丽的梦变成现实。如果没有化学家，怎么会有宇宙飞船上能抵制10 000℃高温而不熔化的耐火材料呢？

别对我说："这只是那些科幻小说家描绘的东西。"这东西已经存在了，它是在1993年发明的。下面还有一些东西，你也会惊叹不已的。

奇妙的事实

化学家已经发明了……

1. 一种叫氟锑酸的超级酸，比浓度最大的硫酸的腐蚀能力要强20 000 000 000 000 000 000倍，千万别碰它。

2. 1974年，一种叫H形海绵的东西被发明出来，它的吸水能力大得吓人，它可以吸收它自己重量的1300倍的水。

3. 一种糖块的甜度是普通糖的650倍，它叫"他林"，是从西部非洲的一种树上提炼出来的。

4. 晶体沸石的每一个单独的原子都呈剑状，它是铝、硅、水和金属的混合物。

还有更好的消息……

实际上，化学家还能用他们的化学知识来解决化学污染带来的各种混乱。

1. 很多汽车都有催化转换器，这种蜂巢形的金属镀了铂，能吸收并把发动机产生的讨厌的化学物质分解成无害的东西，比如水。

2. 普通的汽油里含有铅——是为了防止发动机的噪声。但是含有这种铅的汽车尾气造成了极大的污染，不要忘了铅是有毒的。因此化学家发明了无铅汽油，用在催化转换器里。

3. 每年我们都往地底下埋成千上万吨的塑料，真是一种浪费！1993年，在英国注册了一家塑料再生工厂，可以用旧塑料做新塑料。

4. 你还记得因氯气制品污染引起的臭氧层的大洞吗？以前我们都用氯气来做喷雾剂，现在这种方法已经不用了，化学家发明了一种新的气体来代替它。所以你现在可以随时使用除臭剂而不用担心会造成环境污染。

化学的真理

事实上不是化学物质而是人类自己制造了各种混乱。我们制造化学物质、储备化学物质、使用化学物质，我们最终要为自己的行为付出代价。

我们可以让它们为我们服务，也可以允许它们制造混乱、造成破坏，这些都由人类自己决定。关于这个话题，一个化学家不得不站出来说话了。皮埃尔·居里（1859—1906）和他的妻子玛丽（1867—1934）发现了元素镭。皮埃尔说：

我们估计，罪恶之手可能会把镭变成一种危险品，但是我相信人类会从新发明中获取到更多益处而不是坏处。

我们不知道将来会怎样，除了会有更多的化学反应，同时也有更多的、精彩的，而且是让人惊奇的发明。将来会比以前和现在都要美好，这就是化学的真理。

干杯！

疯狂测试

化学也疯狂

赶快试试你是否是个化学方面的专家吧!

混乱的化学测验

如果你一直在集中精神阅读本书，你将会和那些你曾遇到过的狡猾的化学家相媲美。做一下下面的小测试，看看你到底学到了多少。

1. 化学物质有哪3种形态？

a）水晶、血浆和水蒸气

b）固体、液体和气体

c）火、空气和水

2. 金属为什么能够弯曲？

a）原子实际上不能连接在一起

b）原子彼此连接得很松散

c）大多数金属里面都有橡胶

3. 离子键是什么？

a）一种磁铁

b）一种强力胶

c）使离子结合起来的静电作用力

4. 醋是由什么制作而成的？

a）白酒变酸以后

b）苹果汁混合酵母

c）葡萄酒和二氧化碳

5. 哪一种珍贵的东西被应用在激光中?

a）红宝石

b）珍珠

c）金块

6. 地球上自然产生的化学元素有多少种?

a）没有一种——它们都是在实验室内人工制造出来的

b）超过1000种

c）90多种

7. 乳化剂是什么?

a）一种在海草里发现的酸性物质

b）一种在肥皂里发现的碱性物质

c）一种化学物质的联合物，不是混合物

8. 原子通过共价键分享什么?

a）质子

b）电子

c）晶体

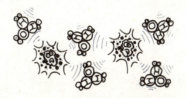

 答 案

1. b）；2. a）；3. c）；4. a）；5. a）；6. c）；7. c）；8. b）。

有趣的化学材料

化学并不总是都发生在学校的实验里，它是你日常生活的一部分。你能为以下这些日常用品找出它们所含的相应成分吗？

1. 洗衣粉

2. 你的小兄弟

3. 滑石粉

4. 自来水

5. 冰激凌

6. 阿司匹林

7. 盐

8. 橘子

a）硅酸镁

b）水杨酸

c）钠和氯

d）酶

e）碳

f）抗坏血酸

g）锰和镁

h）海藻酸

1. d）；2. e）；3. a）；4. g）；5. h）；6. b）；7. c）；8. f）。

"经典科学"系列（26册）

肚子里的恶心事儿
丑陋的虫子
显微镜下的怪物
动物惊奇
植物的咒语
臭屁的大脑
神奇的肢体碎片
身体使用手册
杀人疾病全记录
进化之谜
时间揭秘
触电惊魂
力的惊险故事
声音的魔力
神秘莫测的光
能量怪物
化学也疯狂
受苦受难的科学家
改变世界的科学实验
魔鬼头脑训练营
"末日"来临
鏖战飞行
目瞪口呆话发明
动物的狩猎绝招
恐怖的实验
致命毒药

"经典数学"系列（12册）

要命的数学
特别要命的数学
绝望的分数
你真的会＋－×÷吗
数字——破解万物的钥匙
逃不出的怪圈——圆和其他图形
寻找你的幸运星——概率的秘密
测来测去——长度、面积和体积
数学头脑训练营
玩转几何
代数任我行
超级公式

"科学新知"系列（17册）

破案术大全
墓室里的秘密
密码全攻略
外星人的疯狂旅行
魔术全揭秘
超级建筑
超能电脑
电影特技魔法秀
街上流行机器人
美妙的电影
我为音乐狂
巧克力秘闻
神奇的互联网
太空旅行记
消逝的恐龙
艺术家的魔法秀
不为人知的奥运故事

"自然探秘"系列（12册）

惊险南北极
地震了！快跑！
发威的火山
愤怒的河流
绝顶探险
杀人风暴
死亡沙漠
无情的海洋
雨林深处
勇敢者大冒险
鬼怪之湖
荒野之岛

"体验课堂"系列（4册）

体验丛林
体验沙漠
体验鲨鱼
体验宇宙

"中国特辑"系列（1册）

谁来拯救地球